PARKS FOR PEOPLE

Ben Whitaker&
Kenneth Browne 저
김수봉 역

우리의 공원

박영사

옮긴이의 말

Parks for People

이 책은 윈체스터 출판사(Winchester Press)에서 1971년에 출간한 벤 휘태커(Ben Whitaker)와 케네스 브라운(Kenneth Browne)의 공저인 〈Parks for People〉을 완역한 것이다.

지금부터 43년 전 저자들은 공원을 '필요성', '역사', '이용과 사회학', '디자인', '훼손원인과 대책, '문화파괴행위', '어린이', '운동', '예술', '새로운 형태', '수변', 그리고 '예산과 관리'라는 모두 12가지 측면에서 다각도로 고찰하고 비판하면서 매우 다양하고 실질적인 아이디어를 아울러 제시하였다. 그들이 예로 제시한 공원은 영국뿐만 아니라 미국의 공원을 동시에 다루면서 그 범위는 전 세계였다. 따라서 그들의 제안은 모든 나라의 도시공원에 적용이 가능하다고 하겠다. 이 책의 또 다른 가치라고 한다면 성공적인 공원이 조성되고 유지되기 위해서는 지금까지 전통적으로 이야기 되었던 공원내부의 자연요소나 경관 그리고 형태 등의 주제를 사회적, 생태적 그리고 관리의 과정으로 잘 변환시켜 기술하고 있다는 것이다. 그리고 번역하면서 느꼈지만 40년 전의 이야기가 마치 현재 우리의 도시공원에 대하여 이야기하고 또 조언하고 있는 것 같다는 착각이 들었다. 그만큼 그들의 이야기는 매우 현실적이고 설득력이 있다. 저자들이 전하고자하는 메시지의 핵심은 '좋은 공원'은 어떤 것이며 그 공원은 반드시 이용자인 '우리

시민의 것'이어야 하며 '그들의 입장'에서 만들어져야 한다는 것이다. 이 책을 쓴 벤 휘태커(Ben Whitaker)는 당시 런던 햄스테드지역구(Hampstead)의 MP(Member of Parliament) 즉 우리의 국회의원에 해당되는 사람이었다. 이 책을 번역하면서 우리는 언제쯤 이런 전문가보다 더 전문적인 식견을 가지고 늘 우리의 편에서 생각하는 국회의원을 만나볼 수 있을까 하는 비현실적인 생각도 해보았다.

원래 이 책은 조경학과 학부생과 대학원생들의 강의교재로 사용하기 위해 번역을 시작하였지만 일반 독자들께서도 혹시 이 책을 읽으신다면 이미 우리 삶의 질의 일부로 들어온 공원의 새로운 가치창조를 위하여 우리 각자가 어떤 역할을 해야 할지에 대하여 한 번 생각해 보시면 좋겠다. 그리고 조경학 전공 학생 여러분은 '조경의 시작은 우리 모두를 위한 공원 만들기'에서 시작되었음을 다시 한 번 상기하면서 이 책을 읽어 주시기 바란다. 지난 2년의 번역작업은 참 외롭고 긴 나와의 투쟁이었다. 그것을 잘 이겨낸 나와 나의 가족에게 이 책을 바친다.

2014년 5월 어느 봄날

덕래관 연구실에서

赤松 김수봉

차 례

Parks for People

서 론

1965년 뉴욕시의 여러 공원에는 큰 변화가 있었다. 그 변화는 자연스러운 것이었으며, 독특한 방식과 뛰어난 능력을 가진 뉴욕시의 도시공원국장인 톰 호빙(Tom Hoving)[1]에 의해 주도 되었는데 그는 35살 젊은 나이에 뉴욕의 커다란 문제 하나를 떠맡았다. 다른 도시와 마찬가지로 당시 뉴욕시의 공원도 뉴욕시민들의 생활에 있어서 어떠한 역할도 수행하지 못하고 있었다. 브루클린(Brooklyn)의 황폐

1 톰 호빙(Tom Hoving 1931-2009)은 1967년부터 1976년까지 뉴욕의 메트로폴리탄 박물관의 관장을 역임했으며, "(2차 대전 이후) 가장 창조적이며 영향력 있는 박물관 행정가"로 그 능력을 인정받은 인물이었다. 그가 박물관장으로 취임하기 전인 1965년에는 뉴욕시의 도시공원국장을 역임하면서 시민들의 외면 속에 버려진 뉴욕시의 공원을 대대적으로 손질했다.

한 프로스펙트파크(Prospect Park)의 경우 방문객수는 15년간 3분의 1이 감소했다. 한 때 전 세계의 이목을 집중시켰던 센트럴파크(Central Park)도 빈번한 강도 사건과 문화파괴행위(Vandalism)가 행해져 낮에도 안심할 수 없고, 밤에는 생명까지 위험한 상태가 되었다. 레니 브루스(Lenny Bruce)[2]는 센트럴파크에서 볼 수 있는 여자라고는 범인을 잡기 위해 여자로 변장한 경찰관 뿐이라고 비꼬았다. 제인 제이콥스(Jane Jacobs)[3]는 도시민이 자주 공원을 이용하는 것이 가장 좋은 치안유지방법이라고 믿었다. 그래서 톰 호빙은 공원을 뉴욕시민들을 위한 생활의 중심지로 만드는 계획에 착수했다. 즉 지역 주민들이 무엇을 원하고 있는지를 알아내기 위해 직접 주민들의 의견을 경청했다. 그리고 그 결과를 토대로 그는 적어도 8블럭마다 1개소의 공원과 비슷한 형태의 녹지공간을 조성하려는 목표를 세웠다. 건설 예정지로 되어있던 공지는 작은 공원이나 어린이들의 놀이터로 사용했고, 상업지구나 사무실건물의 옥상은 그곳에 근무하는 사람들을 위해 오후 시간을 위한 오아시스로 만들었다.

▲ 프로스펙트파크의 롱 메도우[4]

(자료: Wikipedia 사전에서, 역자)

2 그의 본명은 Leonard Alfred Schneider(1925-1966)이며 당시 뉴욕에서 사회풍자로 유명했던 코미디언, 사회평론가 그리고 풍자작가였다.

3 도시문제 전문가, 작자 그리고 운동가였던 그녀(1916-2006)는 첫 저서인 〈미국 대도시의 발전과 쇠퇴 The Death and Life of Great American Cities〉(1961)에서 현대 도시공간에 대한 다양한 요구에 대해 하나의 야심적이고 열정적인 재해석을 시도한 것으로 유명하다.

4 http://en.wikipedia.org/wiki/File:Long-Meadow-Panorama-M01.jpg

톰 호빙(Tom Hoving)은 주말의 경우 센트럴파크로의 자동차 접근을 통제하고 대신 이용자들에게 자전거를 대여했다. 그 결과 범죄는 감소하고 뉴욕 중심지역의 사람들이 센트럴파크로 모여들었다. 1965년 이후 센트럴파크를 이용하는 사람은 매년 10%씩 증가했다.

톰 호빙은 그의 후계자인 오거스트 헥셔(August Heckscher)[5]와 협력하여 사람과 건물이 밀집한 슬럼지역에 새로운 공원과 60개의 어린이용 수영장을 만들었다. 설계경연대회를 개최하여 마르셀 브로이어(Marcel Breuer), 펠릭스 칸델라(Felix Candela) 그리고 필립 존슨(Philip Johnson) 등과 같은 건축가들이 중심에 되어 새로운 레크리에이션 시설을 설계했다. 그리고 센트럴파크와 프로스펙트파크도 조성 초기의 모습으로 복원시키는 작업을 시작했다.

1967년 메트로폴리탄 오페라(Metropolitan Opera)는 뉴욕의 시내 여러 공원에서 최초의 무료야외공연을 개최했다. 시인들은 시낭송회를 개최했는데 이전에는 이런 모임이 불법이었으나 이번에는 순조롭게 진행되었다.

연 날리기 대회와 패션쇼가 개최된 전람회장은 관중이 만원을 이루었다. 예술가들은 비 내리는 모양의 나무, 냄새나는 나무 그리고 비눗방물기계, 알루미늄 연못, 그리고 헬륨풍선 등이 주제물이 되는 전위예술의 일종인 키네틱아트(Kinetic Art)작품으로 그 주위를 장식했다. 한편 도시공원국은 도로의 보도를 그림으로 장식하는 대회를 열었으며, 5,000명의 시민들은 주최 측에서 제공한 분필을 사용하여 보도에 설치된 90미터 길이의 캔버스에 그림을 그렸다.

공원으로 인해 생긴 변화는 뉴요커들에게 작은 변화를 주었다. 뉴요커들은 뉴욕에 대해 더 이상 불평불만을 늘어놓지 않았고, 자신들의 도시에 대해서 자부

5 August Heckscher 2세(1913-1997)는 백만장자였던 August Heckscher의 손자이며 Hoving의 뒤를 이은 뉴욕 공원국장(1967년)과 케네디대통령의 예술특별보좌관(1962-3)을 역임했던 공원과 예술의 옹호론자였다고 한다. "헥셔가 공원국장으로 재임 중 가장 주목할 만한 일은 1967년 25만 명의 관중이 운집했던 당대 최고 가수였던 가수 바바라 스트라이잰드의 센트랄파크 공연과 1970년 센트랄파크에서의 뉴욕 마라톤 대회 그리고 공원 내에서의 크고 작은 규모의 반전집회를 허가한 것이었다"(New York Times, 1997년 4월 7일자, Obituaries에서).

심을 갖기 시작했다. 아울러 그들은 이웃과 서로 대화를 시작했다. 이러한 기적이 있었기에 뉴욕은 낙원이 되었다. 그리고 이때부터 뉴욕의 도시생활에 도시공원이라는 새로운 관점이 추가되었다.

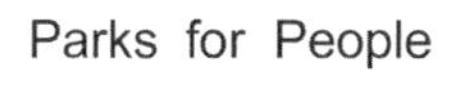

Parks for People

01 공원의 필요성

'도시는 단지 비바람을 피하기 위한 안식처로서 만들어져야 할 뿐만 아니라 도시생활에 편리한 시설을 갖추는 것 이외에도 마찻길, 정원 그리고 광장이나 산책과 수영을 위한 멋진 공간을 오락과 휴식을 위해 남겨 두어야 한다.'

– 알베르티(L. B. Alberti, 1484)

왜 인간은 공원을 필요로 할까? 이 복잡한 도시에는 토지를 필요로 하는 일들이 산더미처럼 많은데 공원과 같은 비경제적인 것에 왜 귀중한 토지를 빼앗겨야 된단 말인가?

대개의 사람들이 광막한 대지를 동경하는 것은 태고로 거슬러 올라가서 우리가 살았던 원시림에 대한 향수를 가슴에 품고 있기 때문인지도 모른다. 우리들이

▲ 휴식의 장으로서의 공원

원예나 가정텃밭에 정성을 다하기도 하고, 시골 오두막집을 그리워하기도 하고, 또 라디오 프로그램 「아처스家 The Archers」[1]에 귀를 기울이기도 한다는 것은 아마 우리들의 선조가 과거에 영위했던 농경생활이 우리에게도 잠재되어 있기 때문일 것이다. 인간은 본능적으로 녹색을 갈구하며 훨씬 더 넓은 자연이 있는 곳으로 가

1 아처스家는 영국의 중산층 가정을 배경으로 전원생활의 즐거움을 소재로 한 드라마로 1951년부터 방송된 BBC Radio 4의 장수 프로그램이다.

려고 한다. 이러한 인간의 본능은 때로는 생각지도 않은 결과를 가져다 줄 때도 있다. 예를 들면 독일군의 레닌그라드(Leningrad 현재의 St. Petersburg) 포위 공격 때의 일이다.[2] 당시의 시민들은 추위를 피하기 위하여 석탄이 떨어지자 대신 집의 가구나 문짝까지도 땔감으로 사용했다고 한다. 그렇지만 당시의 레닌그라드 시민들은 도시 내의 나무들을 땔감으로 사용하지는 않았다. 인간은 다른 생물과 같이 그들이 살고 있는 환경의 영향을 받는다.

건축가이자 도시계획가인 홀포드(Holford)경[3]은 도시 내 어떤 집을 방문하더라도 그 집에서 적어도 한 그루의 나무를 발견하는 것이 그의 목표라고 말했다(그렇지만 최근 미국 샌프란시스코에서 행해진 「나무를 심자」라는 구호를 내건 포스터 캠페인은 좌절되고 말았다. 왜냐하면 평판이 좋았던 이 포스터에 실린 사진이 실제로 마리화나를 피우는 이들이 모여드는 숲이라는 것이 밝혀졌고, 또한 디자이너 자신도 그것을 인정했기 때문이다). 과수원의 경우, 도시 주위를 과수원으로 둘러싸도록 계획했던 브라질의 수도 브라질리아(Brasilia)[4]에서처럼, 도시 전체의 모습을 변형시킬 수 있다. 그러나 현재 많은 도시민들에게 계절의 변화를 알 수 있는 곳은 공원이 유일하다.

도시에 있어서 공원과 광장의 필요성은 해마다 높아지고 있다. 이것은 평균 수명이 길어지고 교통이 편리해 짐과 동시에 여가시간도 많아졌기 때문이며 무엇보다도 도시인구가 계속 늘어나고 있기 때문이다. 리우데자네이루(Rio de Janeiro)에서는 매주 5,000명의 인구가 시 외부로부터 도시내부로 유입되고 있다(2010년 현재 5,940,224명). 10년 후(책 출판 10년 후이면 1981년) 페루의 수도 리마(Lima)의 인구는 300만 명 이상에 달하고(2007년 현재 8,472,935명), 콜롬비아의 수도 보고타(Bogota)는

2 1941년 히틀러의 군대는 레닌그라드를 무력으로 침공하여 포위했는데 시민들은 1941년 9월 8일부터 1944년 1월 27일까지 무려 900일 동안 100만 명의 희생자를 내고 쥐를 잡아먹으면서도 항복하지 않고 끝까지 저항하면서 전쟁을 이겨냈다.

3 영국의 건축가이며 도시계획가. 그의 정식 이름은 William Graham Baron Holford이다.

4 브라질 고이아스 주에 둘러싸인 브라질의 수도. 토칸틴스·파라나·상프란시스쿠·코룸바 강 상류에 있다. 1789년 내륙에 수도를 정하자는 제안이 나왔다가 브라질이 포르투갈로부터 독립한 1822년 다시 거론되었고 1891년 헌법으로 구체화되었다. 8년 동안 측량과 실험을 거친 후 1956년에 지금의 브라질리아가 선택되었다. 1960년 4월 중앙부에 삼권광장(Square of Three Powers)이 들어섰고 리우데자네이루에 있던 연방정부가 이주하기 시작했다.

500만 명(2005년 현재 7,363,782명). 아르헨티나의 수도 부에노스아이레스(Buenos Aires)는 900만 명(1999년 현재 12,423,000명), 인도의 캘커타(Calcutta, Kolkata)는 1,500만 명(2011년 현재 14,112,536명)을 넘어설 것이다.[5]

미국의 인구는 20세기 말 지금의 2배로 증가될 것이라 추측되며(2010년, 4월 1일 현재 308,745,528명), 그 때가 되면 레크리에이션이나 스포츠에 대한 욕구가 적어도 지금의 3배는 될 것으로 예상된다. 영국의 인구 밀도는 이미 1평방 마일[6]에 790명에 이르고 있다. 영국사람은 자칭 전원 애호가라면서도 인구의 80% 이상은 도심에 살고 있고, 또한 40%는 7대 대도시권에 집중하고 있다. 한편 영국의 인구는 2000년까지 매일 1,000명씩 증가하여 현재보다 거의 2,000만 명이 더 증가할 것으로 예상되고 있다(실제 1971년 55.9백만 명에서 2001년 58.8백만 명으로 2백90만 명이 증가했다). 그리고 자동차 수와 그 이용도 폭발적으로 증가하여 지금의 몇 배에 이를 것이다.

고다르(Godard)[7]의 영화 「위켄드 Weekend」에서 보여주는 미래의 교통정체 장면[8]은 단지 상상에 불과할까?

30년 후(즉, 서기 2000년)에 인간은 어떤 생활을 하고 있을까를 예측함에 있어서 다음과 같은 적절한 경고는 바람직하다. 현재도 고층 주택에 사는 사람들에게는 휴식할 수 있는 정원이 없는데 만일 고층 주택의 건설이 이대로 계속된다면 지상의 토지를 개발하지 않고 그냥 남겨서 공공의 이용을 위한 오픈스페이스(open space)를 확보하는 것이 좋을 것이다. 그리고 도시계획 입안 시 어린이들의 놀이와 안전보다는 자동차를 위해 우선적으로 더 많은 공간과 비용을 책정해도 좋은 것

5 2011년의 이 지구상의 총 인구는 70억 명을 넘어섰다. 지금까지의 세계 인구를 살펴보면 다음과 같다. 서기 1년; 2억 명, 1800년; 10억 명, 1930년; 20억 명, 1960년; 30억 명, 1974년; 40억 명, 1987년; 50억 명, 1999년; 60억 명, 2011년; 70억 명, 그리고 2024년; 80억 명, 2045년; 90억 명이 될 것이다.

6 약 2.6㎢.

7 장 뤽 고다르(Jean-Luc Godard)는 1930년 생으로 영화를 찍지 않고 창조한다는 평가를 받은 영화감독으로 소르본느대학을 중퇴하고, 1960년대 La Nouvelle Vague, or "New Wave"로 불리던 영화의 장르를 개척하였으며 현대 영화에 큰 족적을 남겼다. 1967년 작 〈Weekend, 주말〉도 그의 대표작 중 하나이다.

8 프랑스 중산 계급 부부가 교외로 주말여행을 떠난다. 그들을 기다리는 건 끝을 알 수 없는 지옥 같은 교통 정체다. 간신히 교통 정체를 벗어난 그들은 혁명가들의 전쟁, 카니발리즘과 살인, 정체를 가늠하기 힘들지만 상징적 의미를 지닌 인물들을 만난다. 고다르는 이 영화에서 서구영화 역사에서 손꼽히는 위대한 수평 트래킹 숏을 보여준다.

▲ 주차장에는 잔디, 수목 유희장이 만들어질지도 모른다.

▲ 뉴욕의 유희장

일까?

몇몇 생물학자들에 의하면 인간도 다른 동물처럼 과밀 상태에서는 공격성의 징후를 나타내기 시작한다고 한다. 영국의 도시학자 피터 홀(Peter Hall)[9]에 따르면 그와 같은 공격성은 자동차와 그 자동차 운전수에게 그대로 적용된다고 제안했다. 현재 생활이 보다 복잡화되고, 속도와 과밀성이 증가함과 동시에 생활권의 확보가 점점 시급해지게 되었다. 철학자 쇼펜하우어(Schopenhauer)의 고슴도치 호저 이야기에 따르면[10] 인간은 고슴도치 호저와 같이 너무 가까이서 부대끼면 불편하고 고통스러워하지만 홀로 남게 되면 그 순간부터 비참함을 느낀다고 한다. 예전에는 시골이나 교외가 우리 가까이에 있어 쉽게 갈 수 있었지만 해가 갈수록 교통이 혼잡해지고 도시가 팽창함에 따라 도시민들이 오염되지 않은 자연을 접하기가 점점 어렵게 되어 가고 있다. 따라서 우리는 도시민들이 그들의 생활권에서 쉽게 다가갈 수 있는 휴식의 장소와 전원적인 환경을 제공해 주어야 한다.

9 Peter Geoffrey Hall을 말함. 그는 런던대학(UCL) 교수였으며 영국 도시계획 학회와 지역계획 학회 회장을 역임했다.
10 고슴도치 호저는 추위 때문에 서로를 가까이 하였다가 상대방의 가시 때문에 아파서 멀리하고 다시 추위 때문에 가까이 했다가 또 멀리하고 이런 반복 속에서 '적당한 거리'를 유지하는 법을 배운다.

▲ 공간의 창조와 연장

도시생활에 있어서 태풍의 눈이라고 할 수 있는 공원은 긴장의 연속인 현대인의 생활에 위안과 안전을 공급하는 안전판(safety valve)의 역할을 한다. 그리고 인간이 도시의 좁은 장소에 폐쇄되었다고 느낄 때 공원은 일시적으로나마 우리의 마음과 생활의 영역을 넓혀준다. 아울러 우리는 공원에서 일상에서 벗어나 산책과 휴식을 하면서 에너지를 재충전하고 스트레스를 날린다. 그리고 공원은 한정된 공간 속에서 생활하고 있는 사람들의 자유를 확장시켜 주기도 한다.

서양의 옛 촌락에는 고대 그리스의 도시민들이 모여 다양한 활동을 하는 야외 공간이었던 아고라(Agora)와 같은 공유초지가 있었다. 그러나 우리들이 잃어버

▲ 도시와 융합된 오픈스페이스

린 것이 무엇인지를 생각나게 해주는 두브로브니크(Dubrovnik)[11]와 같은 극히 소수의 몇몇 곳을 제외하고는 자동차가 보행자들로부터 도시의 도로와 광장을 빼앗아 가버린 지금 도시에서 개인의 가치와 척도가 아직까지도 존중되는 장소를 든다면 그것은 바로 공원일 것이다. 그러나 공원을 보행자전용도로와 광장 등과 함께 도시생활에서 탈출하기 위한 격리된 섬으로 존치시킬 것이 아니라 중심 업무지역까지 연결, 소통시킬 필요가 있다. 베니스(Venice)와 두브로브니크에서는 사람들이 자유롭게 돌아다닐 수가 있어서 도시 내에 공원이 없어도 잘 느끼지를 못한다. 그러

11 크로아티아의 항구도시로서 아드리아 해 남쪽 연안에 있으며 크로아티아의 해안에서 가장 아름다운 도시로 손꼽힌다. 두브로브니크는 작은 숲(dubrava)을 뜻한다. 성벽 안에서는 자동차 통행이 금지되어 있으며, 스트라둔을 제외한 구도시는 대부분 가파르고 구불구불한 좁은 길들만 나 있어 도시 전체가 그림 같은 미로를 이루고 있다.

▲ 공원의 이용: 맑은 날의 캐나다 토론토의 러니미드공원(Runnymede Park)

나 스위스의 몇몇의 도시는 집에서부터 직장, 시장, 그리고 학교까지 안전하게 걸어갈 수 있는 다른 도시에서는 볼 수 없는 이상적인 공원도로(parkways)를 가지고 있다.

영국의 정치가 윌리엄 피트(William Pitt, the Elder, 1708-1778)[12]는 공원을 런던의 허파라고 불렀다. 도시의 녹지는 휴식의 장(場)인 동시에 실용적인 효과 즉 소음, 열, 배기가스, 그리고 악취를 여과시키는 필터로서의 기능을 갖고 있다. 5야드(약 45.7m)의 폭을 가진 수목은 소음레벨을 1데시벨씩 낮춰 준다. 또한 수목은

12 '런던의 허파'라 함은 런던의 도시공원녹지를 말한다. 이 말은 윌리암 피트(1708-1778)경이 제일 먼저 사용했는데 그는 1808년 6월 30일 하원에서 하이드파크가 건물에 의해 잠식당하는 것에 대한 토론 과정에서 "공원은 런던의 허파"라고 언급했다고 한다(자료: http://www.historyhouse.co.uk/articles/lungs_of_london.html).

여름의 도시 빌딩가에서 나오는 인공 열을 흡수하기도 하고, 햇볕을 반사하기도 하면서 도시의 온도를 낮추는데 기여한다.

현재 예측으로 20세기말까지 세계의 인구는 지금(1971년)의 2배인 70억[13] 그리고 2046년에는 그 두 배인 140억에 이를 것으로 예상되며, 수명의 연장과 자동화로 인하여 선진국 국민의 여가시간도 현재보다 2배 증가할 것이라고 한다. 미국의 1주일당 노동시간은 지속적으로 급격히 단축되고 있다. 1925년에는 주당 60시간이었던 것이 1953년에는 평균 40시간이 되었다. 그리고 2000년까지는 1일 7시간 노동, 주 4일제가 될 것으로 예측된다.[14] 영국에서는 현재의 주 45시간의

▲ 황폐한 교외지역

13 실제 2001년 세계 인구는 61억 1,895만 932명이었다.

14 미국은 1997년 현재 연간 평균근로시간이 거의 2,000시간에 육박하고 있어 일본과 함께 주요 선진국 가운데 가장 길다는 사실이다(OECD, 1997). 대부분의 유럽 국가들의 연간 평균근로시간이 1,700시간대의 수준임을 감안할 때 미국은 근로시간단축이라는 측면에서 볼 때 선도국이라고 할 수 없다.

기본노동시간이 20세기말까지는 주 30시간이 될 것으로 예상되며[15] 반면 같은 시기의 퇴직자 수는 현재 800만 명에서 1,200만 명으로 늘어날 것으로 전망된다. 그래서 교육수준과 생활수준이 높아지고, 노동의 질이 육체적인 것으로부터 반복적이고 단순하며 정신적인 것으로 변화함에 따라 보다 질 높은 여가시설이 필요하다. 하지만 산업발전이 고도화됨에 따라 삼림과 같은 천연자원은 예전보다 더욱 더 빠르게 파괴되어 가고 있다. 영국의 경우 지금부터 2000년까지 약 30년에 걸쳐 200만 에이커에 이르는 전원지대가 도시지역으로 변화할 것으로 예상되고 있다.

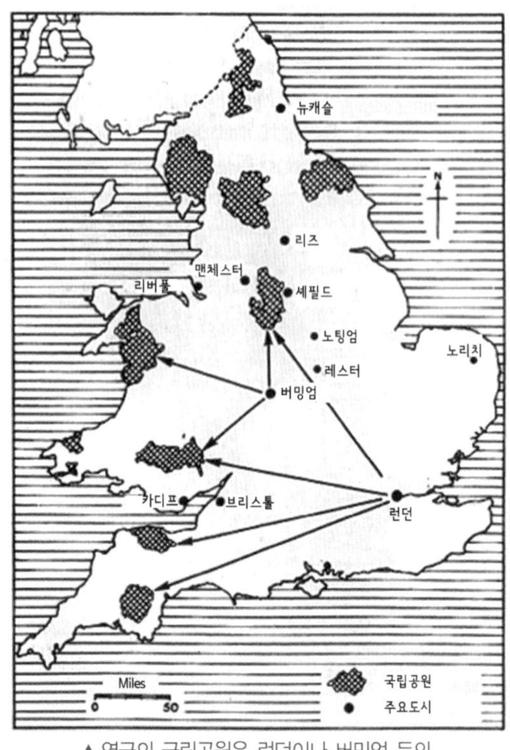

▲ 영국의 국립공원은 런던이나 버밍엄 등의 대도시에서 멀리 떨어져 있다.

이것은 20세기 초에서 지금까지 약 70년간 자연이 도시에 흡수된 면적과 거의 같고, 그 속도는 20세기에 진입해서 오늘날까지 행해진 도시화 속도의 약 2배에 이른다.

15 케인스는 〈손자 세대의 경제적 가능성, Economic Possibilities for our Grandchildren〉이라는 소책자에서 그의 손자 세대쯤 되면 일하는 시간이 대폭 줄어 주당 15시간 정도만 일해도 될 것으로 보았다. 그가 이 소책자를 1930년대에 썼으니, 그가 말한 손자 세대는 현재 세대쯤 된다. 물론 이 예측은 한참 빗나갔다. 그의 조국 영국의 노동시간은 현재 유럽 내에서도 최상위 수준으로, 주 48시간 이상을 일하는 장시간 노동자 비율이 15% 정도로 아주 높다. 게다가 현재 15시간 미만으로 일하는 노동자는 대다수 일거리가 없어 생존수단으로 단시간 노동을 하는 '주변부 파트타임 노동자'(Marginal Part-time Workers)다. (Employment Insight 12호에서 이상헌 국제노동기구(ILO) 연구위원, 2011년 03월 01일).

유럽과 미국은 청정 해안선을 보존해야 하는 데 시간이 매우 촉박하다. 만일 영국인 모두가 동시에 바다로 몰려든다고 가정하면 1인당 차지할 수 있는 해변은 약 15센티미터(cm) 정도다. 현재 영국에서는 매 3년마다 와이트 섬(380㎢)[16]과 맞먹는 면적의 농경지가 산업, 도로, 공장, 빌딩 등의 건설로 사라지고 있다. 이와 동시에 새로운 도로, 각종 통신 및 전기용 전선, 고층 건물 등의 출현에 의해 점차적으로 농촌지역의 전원적 성격이 지속적으로 파괴되어 가고 있다. 그리고 나머지 오픈스페이스는 대다수 사람들의 접근이 곤란한 사적인 클럽과 회사 등에서 각종 스포츠용지로 구입하고 있다. 비록 제네바(Geneva)와 셰필드(Sheffield),[17] 워싱턴(Washington), 로마(Rome) 등 일부 도시는 버밍엄(Birmingham), 상파울루(São Paulo), 로테르담(Rotterdam)보다는 혜택 받은 환경에 살고 있지만 그 도시의 아름다운 전원풍경은 안타깝게도 해마다 줄어들고 있다. 그래서 그 도시 가까이에 있는 토지의 훼손이 염려된다. 미국에서는 요즈음 플라스틱 잔디 즉, 인조잔디를 사용하고 있다. 영국의 버밍엄에서는 골프장에서 자기 순서를 기다리는 행렬이 아침 6시부터 시

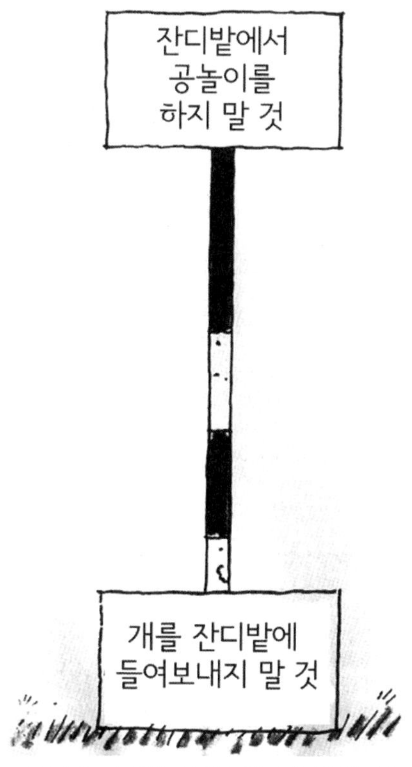

▲ 현존하는 공원의 안내표지판 – 내용을 잘 읽을 수 있게 높이를 적절하게 조절해야 한다.

16 공식명칭이 Isle of Wight인 이 섬은 우리의 제주도처럼 영국에서 가장 큰 섬으로 햄프셔 구에서 3-7키로 떨어진 영국해협에 위치해 있다. 빅토리아시대로부터 리조트 관광지로 인기가 높다(위키백과사전에서).
17 셰필드는 영국 잉글랜드 사우스요크 주의 도시다. 산업혁명기 때부터 철강산업의 중심도시로, 이곳에서 생산되는 칼은 매우 유명하다. 유럽에서 시민 1인당 녹지가 가장 풍부한 도시다. 200개의 도시공원과 삼림 그리고 정원과 250만 그루의 나무를 가지고 있다.

작되지만, 미국의 골프장에서는 새벽의 할인혜택을 받기 위해 새벽 2시 30분부터 줄을 서는 곳도 있다. 몇몇 골퍼들은 9시간이나 기다려야 하는 경우도 있으며, 뉴욕 근처의 어느 골프장에서는 평균 5시간은 기다려야 한다. 알칸사스 주지사였던 록펠러(Winthrop Rockefeller)는 사람들에게 공원과 그 외의 공공시설에 대해 이용 횟수를 분배해야 할 때가 올지도 모른다고 주장했다. 일반 대중은 들어가지도 못하는 리조트용 해변과 스포츠용지 등이 놀라울 정도로 확대되어 가고 있다. 따라서 미국의 다음 세대들은 이러한 사적 스포츠용지의 확대로 사람들이 불행한 상태에 빠지게 될지도 모르는데 왜냐하면 운동을 하고 싶은 충동이 생겨도 그 충동이 없어지기를 기다리는 수밖에 없다. 미국 야외 레크리에이션 자원 조사위원회(The U.S. Outdoor Recreation Resources Review Commission)는 처음에는 국립공원 문제의 조사에 전념했지만 궁리 끝에 내린 결론은 사람들을 위해 가장 필요한 것은 집근처에서 단순하게 즐길 수 있는 것이고 도시와 그 인근에도 레크리에이션을 위한 장소와 시설이 설치되어야 한다는 것이다. 그러나 사적 용도의 골프장은 부유한 백인이 사는 교외에서 증가하는 한편 도시의 빈민들이 사는 거주지(게토)는 점점 그 환경이 악화되고, 공원의 개선은 고사하고 그 유지조차도 어렵게 되었다.

도시에 있어서 공공 오픈스페이스의 적정 면적은 어느 정도일까? 1943년의 아버크롬비(Abercrombie)경[18]은 런던의 자치구 계획(County of London Plan)에서 1,000명당 7에이커(28m², 1에이커는 4m²)를 제안했다. 그리고 후에 7에이커 중 3에이커(12m²)는 그린벨트를 포함시키는 것으로 수정되었다. 그러나 대도시 런던의 환상 녹지대는 대부분이 시민들이 이용하기에 불편한 먼 거리에 위치했다. 이에 비해 비엔나(Vienna)시의 도시림의 경우는 비엔나라고 하는 도시 자체가 비교적 작기 때문에 그것만으로 큰 가치가 있다. 런던 중심부에 녹지가 풍부하다는 인상은 오해에 불과하다. 현재 런던 시내의 1,000명당 공원녹지 면적은 약 2.5에이커(10m²)에 불과

18 영국의 건축가, 도시계획가(1879~1957) 1944년에 런던 시의회는 기존의 런던재건계획안이 아버크롬비경(Pactrick Abercrombie)경과 포쇼(J. H. Forshaw)가 제안한 안보다 전통적인 계획안을 채택함·런던시가지의 팽창을 막기 위하여 런던 외곽으로 10km에 달하는 녹지대를 지정했는데 이는 후에 그린벨트의 시초가 됨.

하다. 한편 런던의 자치구 중 이즐링턴(Islington), 켄싱턴(Kensington), 첼시(Chelsea), 서더크(Southwark), 뉴엄(Newham), 타워 햄리츠(Tower Hamlets) 등의 공원녹지면적은 1,000명당 1.75에이커 이하다.

한편 북아일랜드의 수도인 벨파스트(Belfast)에서는 1,000명당 약 2에이커(8m²), 맨체스터(Manchester)와 글래스고우(Glasgow)에서는 약 3.8에이커와 3.95에이커로 광활하며, 리즈(Leeds)는 9.1에이커로 가장 높다. 1,000명당 4에이커(16m²)라고 하는 공원녹지 비율로 계산해 보아도 현재 런던의 오픈스페이스의 부족량은 5,500에이커가 넘는다. 그럼에도 불구하고 1951년부터 1968년까지 런던에서 증가된 공원녹지는 656에이커에 지나지 않았고, 광역런던청(GLC)의 계획에 따르면 1969년에는 약 28에이커의 공원녹지의 확장을 예상했다고 한다. 다음 장에서 설명하겠지만 만일 공원 면적의 축소 위협이 없다고 해도 광역런던개발계획에서의 목표

▲ 랭커셔(Lancashire)의 샐퍼드(Salford). 신 고층 빌딩지구의 주변에 있는 오픈스페이스는 장래 어떻게 될 것인가?

를 달성시키기 위해서는 많은 시간이 걸릴 것이다. 그 목표라고 하는 것은 모든 집에서 2마일(3.2㎞, 1마일은 1.6㎞) 이내의 곳에 150에이커 이상의 메트로폴리탄파크(Metropolitan Park)와 3~4마일 이내에는 50에이커 이상의 지역공원(District Park)를 그리고 1/4마일 이내에 5에이커 이상의 로칼파크(local park)를 각각 한곳에 배치한다는 것이다. 현재의 속도로 본다면 이즐링턴(Islington)에서 적정규모의 녹지를 갖는데는 330년 이상을 기다려야만 하며, 타워 햄리츠(Towr Hamlets)에서는 그 보다는 조금 짧은 130년이 걸릴 것이다. 암스테르담(Amsterdam)은 네덜란드의 심각한 국내 토지부족현상의 어려움에도 불구하고 우리들에게 어떤 가능성의 한 가지 예를 보여 주었다. 암스테르담의 공공녹지는 1930년의 1인당 약 2.2㎡에서 1945년에는 10㎡로, 그리고 1965년에는 17㎡로 증가했으며, 1975년에는 28㎡를 목표로 하고 있다. 더구나 이 수치는 유명한 에트 보스(Het Bos) 삼림공원의 면적 900ha(2,200에이커)는 제외한 것이다. 이미 1인당 뉴욕의 녹지 면적의 5배에 이르는 체코의 프라하(Prague)는 장래에는 1인당 녹지면적을 70㎡까지 증가시킬 계획을 세워두고 있다.

2차 대전 후 영국에서 건설된 뉴 타운(New Town)의 녹지율은 점점 증가하고 있는데 그 예로 글렌로디스(Glenrothes)는 인구 1,000명당 5.5에이커, 핫필드(Hatfeild)는 5.6에이커, 할로(Harlow)는 7에이커, 코비(Corby)는 9.2에이커, 헤멜 헴스테드(Hemel Hempstead)는 11.6에이커, 컴버놀드(Cumbernauld)는 11.7에이커, 스티버니지(Stevenage)는 13에이커, 그리고 피털리(Peterlee)는 35.8에이커로 늘어났다. 그러나 이 숫자는 대략적인 기준에 지나지 않는다. 공원의 계획은 가장 중요한 요소인 오픈스페이스의 분포와 위치를 포함한 유치거리(예를 들면 어머니가 유모차를 직접 끌고 공원에 갈 수 있는 거리)에 관한 면밀한 조사연구에 기초하여야 한다. 많은 공원들이 이용되지 않고 특히 어린이들은 접근하기가 힘들다. 그 이유는 예전에 아무도 원하지 않은 지역에 공원을 조성했기 때문인데, 이로 인해 버밍엄 녹지의 3/4은 주거지가 밀집된 시의 남동쪽이 아니라 시의 남부와 남서부에 집중되어 있다. 만일 공원이 도시민들의 활동중심지인 상점가, 학교, 사무실, 공장, 주택용지 등에 가까이 위치하거나, 워싱턴 D.C의 록 크리크공원(Rock Creek Park)과 같이 사람들의 주 생활 통로 속에 조성된다면 그 가치는 굉장히 높아질 것이다.

런던의 중심부에 위치한 세인트 제임스공원(St. James Park)은 멋진 공원디자인에 버금가게 그 위치가 시민들에게는 큰 의미를 준다. 광역런던시청이 1952년에 사들인 면적 50에이커인 홀랜드공원(Holland Park)도 런던의 중심부인 켄싱턴 하이 스트리트(Kensington High Street)의 번화가와 인접한 점이 그 공원에 특별한 가치를 부여한다. 도심의 공원녹지는 사무실 근무자들과 인근 상점의 고객들에게 점심시간을 이용하여 쉽게 접근할 수 있어 바람직하다. 주택지역에서는 그 곳의 광장이 일반인에게 공개된다면 소공원으로서의 역할을 할 수도 있을 것이다. 그러나 많은 사람들이 이용하는 런던 중앙부의 메이페어(Mayfair)에서 화이트채플(Whitechaple)에 이르는 지역과 맨해튼(Manhattan), 밀라노(Milano), 로스앤젤레스(L.A) 등과 같은 도시의 중심지에서는 풀 한 포기 구경하기가 힘들다.

그 예로 런던의 전후 재개발지역인 스테프니(Stepney)와 쇼어디치(Shoreditch) 지역도 특히 심한 지역이고, 페네손(Pennethorne)의 170에이커의 알버트(Albert)공원화 계획이 부결된 이즐링턴지역도 녹지면적은 겨우 1,000명당 0.47에이커로 최악의 상태다. 버밍엄에서는 공원 녹지개발용 토지 900에이커가 재정 부족으로 그대로 방치되어 있다. 스코틀랜드의 글래스고우에서는 6층 이상의 아파트에 사는 어린이들은 공통적으로 일주일에 한 번 정도 집에서 나와 논다고 한다. 그래서 대략 이 도시에는 갓 걷기 시작한 유아를 위한 놀이터가 1,000개소, 어린이공원은 100개 정도가 더 필요하다. 그러나 현재의 투자 속도로는 이들 공원이 완성되기까지는 적어도 50년을 기다려야 한다.

현재 조성된 공원 중에는 이용되지도 못하고 그대로 방치되어 있는 곳이 많다. 코벤트리(Coventry)시의 건축가이며, 도시계획 담당관인 테런스 그레고리(Terence Gregory)는 다음과 같이 지적하고 있다.

「시민들은 시의 주요 간선도로에서 보이는 도시공원에 대하여 자부심을 느낀다. 그러나 우리의 사회적 양심은 우리생활을 즐겁게 만들어주는 시설이 있는 공원에서도 깨끗할 수 있을까? 주변 환경이 나쁜 지역에서는 작은 공원과 운동장이 주변 집들의 그늘에 가려져 있다. 거기에서는 여러 가지 좋지 않은 사건들이 발생하기도 하고, 공원시설 또한 황폐하지만 그대로 방치되고 있다. 풀은 우거져 있고, 놀이기구들은 파손된 채 테니스코트에는 사용자가 없으며, 꽃 한 송이 나무 한 그루 자라지 않는다.」

시민들이 도시공원을 원하고 있음은 분명하다.[19] 사회학자 루스 글라스(Ruth Glass)여사가 광역런던시청을 위해 행한 조사에 의하면 성인은 평균 1주일에 한 번 이상 공원을 방문한다고 한다. 어린이의 81%와 성인은 대부분이 조사가 시행되기 전 1개월간에 적어도 한번은 공원을 이용했었다. 그리고 성인 중 5명에 2명 정도는 조사 일주일 전에 공원을 이용했다고 나타났다. 그렇지만 대부분의 자치단체의 예산배정에 있어 재정상의 우선순위는 공원이 최하위를 차지하고 있다. 즉, 예산이 책정될 때 공원예산은 항상 다른 정책에 밀려 후순위에 배정되어 무엇을 하려고 해도 제일 먼저 예산 삭감 혹은 삭제의 쓰라림을 겪는다. 누구도 공원이 주택과 교육만큼 중요하다 주장하는 사람은 없다. 그렇지만 공원은 현대의 도시생활에서 없어서는 안될 필수품으로 인식되고 있다. 따라서 이 공원 조성에 관한 문제에 자유 시장경제의 수요와 공급 법칙을 적용해서는 곤란하다.

19 최근 서울도심부 근린공원의 이용 현황 및 활성화 방안 연구에 따르면 서울시의 경우도 근린공원에 대한 수요는 꽤 높은 것으로 나타났다. 이용 빈도는 두세 달에 1번부터 1주일에 5회 이상까지 공원에 따라 다양했다(김지연 외, 서울시 도심부 근린공원의 이용 현황 및 활성화 방안 연구, 2010).

Parks for People

02
공원의 역사

▲ 파리의 몽쇼공원

고대 그리스(Greece)인의 삶에서도 공공 오픈스페이스는 대단히 중요한 역할을 했다. 신에게는 작은 숲을 바치고, 신전에는 정원이 딸려 있었다. 페르시아에서의 망명에서 돌아온 그리스의 역사가 크세노폰(Xenophon)[1]은 페르시아왕의 정원인 파이리다에자(Pairidaeza)[2] 즉, 향기 많은 관목과 꽃이 피는 과수에 둘러싸인 낙원을 칭찬했다. 현재 사용하고 있는 파라다이스(Paradise)란 말은 여기서 유래되었다. 카이사르(Julius Caesar)[3]는 로마에 있는 그의 정원을 로마 사람을 위해 기부(bequest)했는데, 이것은 기록에 남아 있는 가장 오래된 기증행위다.

Parc 또는 Park라고 하는 말은 원래 수렵용 동물들이 살고 있는 둘러싸인 땅을 의미했다.

런던에 있는 10개의 왕립공원(Royal Parks)이나 파리의 불로뉴 숲(Bois de Boulogne, 면적이 뉴욕 센트랄파크의 2.5배인 8.459㎢)은 예전에는 왕의 수렵장이나 혹은 궁전에 부속된 정원이었다. 예를 들면 그리니치공원(Greenwich Park)은 그 옛날 플리상스(Pleasaunce)라든가 플라센티아(Placentia)궁전을 둘러싸고 있다.

헨리(Henry) 8세는 리젠트파크(Regent Park)와 하이드파크(Hyde Park)에서 멧돼지와 황소사냥을 했다고 한다. 찰스(Charles) 1세는 리치몬드공원(Richmond Park)을 둘러싸서 사냥터로 만들었는데 지금도 그 당시의 자취가 남아있으며 무성한 양치식

1 그리스의 역사가. 그가 쓴 〈소아시아 원정기 Anabasis〉는 고대 문학 비평가들에게 높은 평가를 받았고, 라틴 문학에 강한 영향을 미쳤다. 아테네의 유복한 집안에서 태어난 크세노폰은 아테네와 스파르타가 대규모 전쟁(BC 431~404)을 벌이던 시절에 성장하여, 아테네 기병대의 정예부대에 복무했다. 그를 비롯하여 유복한 그의 동시대인들은 소크라테스의 제자가 되었고, 그들이 속한 사회의 극단적인 민주주의 체제에 비판적이었으며, BC 411, BC 404년에 잠시 권력을 잡은 우익 혁명가들에 동조했다. BC 401년 아테네에 민주주의가 다시 확립되자, 크세노폰은 외국으로 나가는 길을 선택했다. BC 399년 소크라테스가 유죄판결을 받고 처형되자, 극단적 민주주의에 대한 그의 혐오감은 더욱 깊어졌다. 몇 년 뒤에는 그 자신도 반역자로 추방되었다(네이트 사전에서).

2 낙원이라는 뜻의 paradise는 '담을 두른 정원'이라는 뜻의 페르시아어의 pairidaeza가 그리스어 paradeisos(환희의 동산)를 통해 전해진 말이다. 코란에는 정원을 낙원의 상징으로 인용하였고 또한 '낙원의 4대강'도 언급하고 있는데 물과 포도주, 젖, 그리고 꿀이 바로 그것인데 이것이 차하르 바흐로서 4분정원의 기원이다. 이는 구약의 에덴정원에서 샘이 솟아 피손, 기혼, 티그리스, 유프라테스의 네 개의 강을 이룬다는 데서 모티프를 찾았기 때문이다.

3 로마의 군인·정치가(B.C.100 ~ B.C.44). 크라수스·폼페이우스와 더불어 제1차 삼두 정치를 수립하였으며, 갈리아와 브리타니아에 원정하여 토벌하였다. 크라수스가 죽은 뒤 폼페이우스마저 몰아내고 독재관이 되었으나, 공화정치를 옹호한 카시우스롱기누스, 브루투스 등에게 암살되었다. ≪갈리아 전기≫, ≪내란기(內亂記)≫ 등의 사서(史書)를 남겼다(네이트사전에서).

물 숲속에는 여기저기 사슴의 모습이 보인다.

하이드파크는 스튜어트(Stuart) 왕조에 의해 일반 대중에게 공개되었고 때로는 호화스러운 모임의 장소로 사용되었다. 하이드파크에서는 가장무도회, 불꽃대회, 기구 띄우기 등의 행사가 열렸고, 이 공원에서 1814년에는 서펜타인(Serpentine)호수에서 소형 모의해전이 열렸으며, 1851년에는 세계만국박람회(the Great Exhibition)가 크리스탈팰리스(수정궁)에서 개관되었다.

중세도시의 상당수는 완벽하게 농업의 기반을 확보하고 있었는데, 적의 포위 공격에 대비하여 조성된 성의 내부에는 밭, 과수원, 채소원 등을 보유하고 있었다. 1480년의 비엔나는 「하나의 광대한 낙원이었다. 거기에는 아름다운 포도원, 과수원, 채소원, 양어장, 수렵장, 정자 등이 있었다」고 묘사되어 있다. 그리고 수 세기에 걸쳐 장인, 상인, 공장노동자가 도시로 몰려들어와 인구밀도가 높아졌다.

부유한 사람들은 도시 중심부에서 떨어진 곳에 저택을 짓고 주변의 토지를 둘러싸 삶의 테두리를 넓혀갔다. 예를 들면 17세기 초 스키피오네(Scipione)추기경은 손님을 대접하기 위해 로마의 빌라 보르게세(Villa Borghese)에 큰 정원을 만들었는데 그 정원 속에 르네상스 양식으로 배치된 수림은 후에 프랑스의 조경가 르 노트르(Le Notre)[4]에게 큰 영향을 주었다. 도시에 세워진 부유층의 이 저택은 광장을 내려다보는 높은 곳에 위치하여 신선한 공기를 얻을 수가 있었다. 예를 들면 파리의 보쥬광장(Place des Vosges)은 가장 먼저 만들어진 광장으로서 지금도 모든 광장 중에서 가장 아름다운 이곳은 1610년에 만들어졌다. 한편 17세기 이탈리아 르네상스풍 건축을 영국에 소개했던 건축가 이니고 존스(Inigo Jones)는 코벤트가든(Covent Garden)[5]의 원형을 1630년에 설계했다.

4 프랑스의 조경설계가. 재무장관 니콜라 푸케를 위해 설계한 믈룅 근처의 보르비콩트 저택 정원설계로 인정을 받았다. 그를 눈여겨 본 루이 14세는 그에게 1만 5,000에이커가 넘는 베르사유 정원 설계를 맡겼다. 진흙 투성이의 늪지대를 장대한 조망을 가진 공원으로 바꾸면서 베르사유 궁의 건축적인 분위기를 정원으로 연장하고 고양시켰다. 그의 작품에 나타난 기념비적인 기법은 루이 14세 왕실의 영화를 반영하고 더욱 고조시켰다. 그 밖의 작품으로 트리아농 궁, 생클루 궁, 샹티이 궁의 정원과 생제르맹앙레 성과 퐁텐블로 성의 정원이 있다.

18세기가 되면서 형식을 중시하는 프랑스 기하학식의 표현방식을 대신하여, 영국 자연풍경식 조경법의 등장과 동시에 엔클로져(Enclosure)운동[6]과 낭만적인 자연추구현상 등이 나타났다. 18세기의 풍경식 정원설계가들은 현대 도시공원에서 흔히 발견되는 정형적인 화단, 잔디, 철책 등을 매우 싫어했을 것이다. 시인인 포프(Pope)는 「계획이 배제된 매우 혼잡한 유보도(遊步道)」를 인간세계의 풍경」이라고 했다. 그러나 렙턴(Repton)[7]이 제시한 대부분의 조경이론은 지금도 유효하다. 반면에 귀족자제들의 유럽대륙여행(Grand Tour)의 추억으로 버질(Vigil)과 클라우드(Claude)의 그림을 정원에 상기시켜 줄 것을 바라고 있던 지주들의 요구에 응해서 켄트(Kent) 브라운(Brown), 그리고 렙턴(Repton) 등이 영국에서 귀족을 위한 개인 정원을 만들고 있을 때에, 독일의 제후들은 일반 민중을 위해 정원을 개방하고 1789년 뮌헨(Munich)에서 개원된 민중을 위한 공원(people's park)성격을 가진 영국정원(Englischer Garten)[8]이 톰슨경(Sir Benjamin Thompson)에 의해 조성되었다. 조세프(Josef) 2세는 이미 1776년에 프라터공원(Prater Park 즉 잔디공원)을 비엔나에 기증했다. 왕이 기부한 공원의 또 다른 예는 더블린의 피닉스공원(Dublin's Phoenix Park)이 있는데 면적이 1,752에이커에 이른다. 길이 8마일의 석벽으로 둘러싸인 이 공원은 최근까지 유럽 제일의 규모를 과시하고 있는데, 이 공원은 원래 1660년에 오르몽드경(James Butler, Duke of Ormond)이 사슴공원으로 설계한 곳이었다. 그러나 대륙에서 온 사람들은 공원과 광장 주위 저택에 사는 사람들에게만 리젠트파크나 런던시내 광장의 이용이 제한되어 있었다는 사실에 아주 놀랐다. 예를 들면 아일랜드 더블린(Dublin)의 도심 중심부에 위치한 세인트 스테판그린(St.

5 세계적으로 유명한 런던의 명소인 코벤트가든은 쇼핑과 관광지로 손꼽히는 곳으로 연간 수백만 명의 방문객이 찾아온다. 300여년이 넘는 오랜 시간동안 신선한 과일과 야채, 화훼를 판매해왔던 코벤트가든은 지금은 새로운 시대와 감각에 맞는 쇼핑센터의 모습을 갖추고 있다.

6 개방경지·공유지·황무지를 산울타리나 돌담으로 둘러놓고 사유지임을 명시하며 추진한 운동을 말한다.

7 브라운의 뒤를 이은 영국의 대표적 조경가. 조경설계의 전·후를 상세한 설명과 스케치에 채색을 한 그림으로 기록한 일명 레드북(Red Books)으로 유명하다.

8 이 영국정원(English Garden)이라는 명칭은 이 정원이 당시 유행했던 영국식 정원 스타일(특히 브라운스타일)에 기초하였기 때문이며 Reinhard von Werneck(1757-1842)와 Friedrich Ludwig von Sckell(1750-1823)에 의해 계승 발전되었다. 이 공공정원의 면적은 미국의 센트랄파크보다는 넓고 영국의 리치몬드파크보다는 적다.

Stephen's Green)은 1670년에 조성되었지만 일반사람들에게 공개된 것은 1877년부터였다.[9]

19세기가 되자 영국의회의 위원회는 빅토리아(Victoria) 시대의 서민을 위한 보조금과 경제적 이익은 노동자의 건강을 위해 제공되어야 한다고 강력히 권고하였고, 정부는 대중의 건강에 미치는 산업혁명의 악영향을 감소시키기 위해 공공비용으로 도시공원을 조성하기 시작하였다. 1759년에 개설된 큐가든(Kew Garden) 왕립 식물원은 1841년에 정부에 이양되었고 이후 조경디자인의 주류는 미술가에서 점차 원예가로 그 세력이 넘어갔다.

이 시기에는 런던의 유원지가 점차 그 모습을 감추기 시작했다. 특히 모차르트(Mozart)가 8세 때 연주했다고 전해지는 런던 외곽 첼시(Chelsea)의 라넬라가든(Ranelagh Garden)의 둥근 모양의 대지에 돔 양식이었던 로턴더(Rotunda)는 1805년에 그 모습을 감추었다. 해군제독이며 의회의원이었던 핍스(Samuel Pepys)와 문학자 존슨(Samuel Johnson)박사가 자주 방문했다고 하는 복스홀(Vauxhal)은 1859년에 문을 닫았다. 또한 4,000명의 무용수를 보유했던 템즈 강변의 크레몬가든(Cremorne Gardens)도 1877년 폐원했다.

19세기와 20세기에 걸쳐 주택 건설 사업이 도심의 교외지역에서 이루어짐에 따라 도시거주자들은 전원 풍경을 점점 접하기가 어렵게 되었고, 정부의 공식적인 행동을 바라는 시민들의 염원은 높아져 갔다. 1843년 영국의회에서 제정된 법률에 따라 최초로 리버풀근처 버큰헤드(Birkenhead)에 팩스턴스타일의 공원, 즉 버큰헤드파크(Birkenhead Park)[10]를 조성했는데 이것의 건설 자금은 리젠트파크의 경우와 같이 공원주변의 주택에게 부과된 개선세(改善稅)로 조성된 공적자금에 의해

9 http://www.ucd.ie/archaeology/documentstore/hc_reports/lod/St_Stephens_Green_Final.pdf 따르면 William Sheppard에 의해 원래의 모습으로 디자인되었으며 공식적 일반인들에게 공개된 것은 1880년 7월 27일이라고 한다.

10 Birkenhead Park is a public park in the centre of Birkenhead, on the Wirral Peninsula, England. It was designed by Joseph Paxton and opened on 5 April 1847. It is generally acknowledged as the first publicly funded civic park in Britain.

조달되었다. 그 후 팩스턴은 그의 유명한 작품인 크리스탈 팰리스(Crystal Palace) 외에 글래스고우의 캘빈그로브(Kelvingrove), 던디의 백스터공원(Baxter Park in Dundee) 그리고 할리팍스(Halifax)에 시민공원 등을 설계했다.

때로는 지역 거주민들이 직접 공원을 조성하기도 했다. 1872년 1월 13일 320에이커에 이르는 햄스테드 히스공원(Hampstead Heath Park)은 주민위원회의 노력으로 주택개발계획의 희생물이 되는 것을 막았다. 그러나 이 히스 지구에서 런던으로 신선한 공기를 공급해 준다고 하는 꿈과 같은 계획은 결국 실행되지 못했다.

2년 후인 1874년 런던과 에섹스(Essex)사이에 위치한 에핑포레스트(Epping Forest)의 보존이 확정되었다. 이와 같은 영국시민들의 노력에 의한 영국정원에 관한 소식은 해외 여러 곳에서도 널리널리 퍼졌으며, 특히 폴란드의 제2도시인 크라쿠프(Cracow)와 오스트리아 비엔나와 같은 성곽 도시에도 이 소식이 전해졌다. 나폴레옹(Napoléon) 3세는 런던에 망명해 있던 시절 이 영국정원에 대해 남다른 관

▲ 런던의 크레몬가든(Cremorne Gardens). 1859년 기구장풍경

▲1854년 당시의 런던 남부에 있는 수정궁과 공원

심을 보였으며 파리(Paris)로 다시 돌아왔을 때 알팽(Alphand)[11]의 도시 디자인능력과 오스만(Haussmann)[12]의 조직력을 이용해 파리의 모습을 바꾸었다. 1851년 당시 파리의 도시공원이라고 하면 샹젤리제(Champs Elysees), 보쥬광장(Place des Vosges), 튈르리궁전(Tuileries)정원, 그리고 뤽상부르가든(Luxembourg Garden)뿐이었고, 그 전체 면적은 불과 47에이커에 지나지 않았다. 그러나 공원의 면적은 19년 동안 4,500에이커로 확장되었다. 파리의 서쪽으로는 볼로뉴삼림(Bois de Boulogne)이 런던의 하이드파크와 비교해도 손색이 없도록 개조되었다. 그것보다도 큰 뱅센 삼림(Bois de Vincennes)공원이 파리 동부에 계획되었다. 북부에는 버려진 석고채취장을 이용해서 낭만적인 뷔트-쇼몽공원(Buttes-Chaumont Park)이 조성되었다. 그리고 남부에서는 몽수리공원(Monsouris Park)이 생겼다.

11 프랑스의 토목공학기술자인 Jean-Charles Adolphe Alphand(프랑스식 발음으로: [ʒɑ̃ ʃaʁl adɔlf alfɑ̃])는 1817년에 태어나 1891년에 사망했다.

12 1809년생. 제2제정(1852~70) 때 파리의 건물을 대규모로 개축하고 근대화하는 데 주도적 역할을 했다. 그의 파리 대 개조사업은 파리의 위생·공공설비·운송시설을 근대화하는 데 기여했다. 그는 불로뉴와 뱅센의 우아한 공원들뿐 아니라 '대로'(大路)체계를 고안했는데 이것은 지금도 파리 시내를 관통하고 있다.

모두 22개의 새로운 공원이 만들어졌는데, 이들은 런던의 경우와는 달리 시가 직접 관리하고 누구든지 이용이 가능했다. 1850년에 파리의 공원과 광장의 면적은 주민 5,000명당 겨우 1에이커 뿐이었던 것이 1870년에는 390명당 1에이커에 이르렀다.

19C 중엽, 미국은 어느 도시를 방문해도 제 모습을 갖추고 있는 공원이 없었다. 뉴욕에 살고 있는 사람들은 공원 대신 포병이 사용하는 포대(Battery)[13]의 연병장(후에는 바테리공원으로 바뀜)을 이용하는 수밖에 없었다. 프레드릭 로 옴스테드(Frederick Law Olmsted), ('조경가'라는 말을 최초로 사용한 사람, 렙턴은 그 자신을 랜드스케이프 가드너(landscape Gardener)라고 최초로 부른 사람)는 1850년에 팩스턴이 만든 버큰헤드파크를 방문하였으며, 8년 후에는 뉴욕의 센트럴파크의 공사를 시작했다.

센트럴파크의 부지는 다른 공원과는 비교도 안 될 정도로 이상적인 곳에 위치하고 있었다. 게다가 아무것도 없었던 곳을 새롭게 조성한 것으로 도심부에 있는 공원으로서는 최대의 것이다. 또한 울퉁불퉁한 바위의 돌출로 인하여 기복이 풍부한 지형에 의해 신선한 감동을 주는 이 공원은 미국의 건축가 네이단 실버(Nathan Silver)가 지적한 바와 같이 영국식 공원으로서는 가장 뛰어난 도시공원의 예가 될 수 있을 것이다. 왜냐하면 왕실공원이었던 것이 역사적으로 민중의 공원으로 변한 유럽의 예와는 달리 이것은 완전히 무에서 계획되고 조성되었기 때문이다. 당시 뉴욕시의 경계는 42번가에서 끝이 났지만, 공원부지의 외부지역에는 슬럼지구가 위치해 있었다. 이 용지의 매입은 워싱턴 어빙(Washington Irving)[14]과 조지 반크로프트(George Bancroft)[15]의 도움을 받은 윌리엄 브라이언트(William C. Bryant)[16]가 주도한 신문 캠페인으로 조성한 자금으로 가능할 수 있었다. 당시의 공

13 미국 뉴욕 시의 Manhattan섬 남단의 공원으로 면적은 25에이커에 이른다. 이 공원은 원래 포대(砲臺)가 있던 곳으로 현재는 공원으로 바뀜.

14 미국 소설가 겸 수필가. 《뉴욕사(史)》를 출간하여 경묘한 풍자와 유머러스한 필치로 일약 유명해졌다. 영국의 전통이나 미국의 전설을 그린《스케치북》을 출판해 미국 작가로서는 처음 국제적 명성을 얻었다. 주로 전아(典雅)한 문장과 로맨틱한 소재를 고집하였다.

15 1800년 10월 3일 미국 매사추세츠 우스터 출생 미국역사학자. 미국의 기원과 발전에 관해 10권에 달하는 방대한 저서를 남김으로써 '미국 역사학의 아버지'로 여겨진다.

▲1863년 당시의 뉴욕 센트럴파크

원의 공사비용은 7,839,727달러였다. 2,000달러의 상금이 걸린 설계 콘테스트에서 일등상을 획득한 것은 조경의 아버지라 불리는 옴스테드와 영국인 건축가 캘버트 복스(Calvert Vaux)였다. 그들은 채드윅(Chadwick)박사가 말한 바와 같이 조경계획의 기본도를 주위의 직선적인 가로의 단조로움과는 대조적인 도시의 전원(rus in urbe)을 뉴욕의 빈민들을 위해 만들었다. 이 계획은 옴스테드가 정치적 간섭과 판잣집을 잃은 무단 거주자들의 공격에 항의해서 두 번이나 사임했음에도 불구하고 그가 발휘했던 오늘날 도시공원에 많이 적용되는 기술 즉 공원 내를 통과하는 자동차도로를 고가도로와 터널을 이용하여, 보행자와 승마하는 사람, 그리고 공원 내를 통과하는 부근의 시민들과 분리시킨 것은 오늘날까지도 혁명적인 것으로 남아있다.

16 미국 詩의 아버지라고 불리는 브라이언트는 "숲은 신의 첫 성당"이라고 했다. 그는 뉴욕 이브닝 포스트 편집장이던 1844년 맨해튼에 센트럴파크를 만들자는 캠페인을 하면서 이렇게 썼다. "지금 이만한 공원을 들이지 않으면 100년 뒤 뉴욕은 같은 넓이의 정신병원이 필요할 것이다"(조선일보 만물상, 2012년 7월 30일자).

센트럴파크는 경제적인 면과 사회적인 면 모두에서 큰 성공을 거두었는데, 우선 부근의 토지 가격은 4배 이상 뛰어 올랐다. 그리고 1863년에는 400만 명이 이 공원을 찾았고, 8년 후에는 공원이용자가 1,100만 명에 달했다. 더구나 이것은 1876년 정식개원 이전의 이야기이다. 옴스테드와 복스는 이 공원 외에도 미국 국내에 50개에 가까운 공원을 더 만들었다. 이 중에는 브루클린의 프로스펙트파크, 샌프란시스코(San Francisco)의 골든게이트파크(Golden Gate Park), 시카고(Chicago)의 리버사이드파크(Riverside Park), 필라델피아(Philadelphia)의 페어마운트파크(Fairmount Park), 보스턴(Boston)의 프랭클린파크(Franklin Park)과 원조 공원도로체계(Parkway system) 등이 있다. 대공황 시절의 로버트 모제스(Robert Moses)시장[17] 재직 시에 뉴욕시의 공원 면적은 1937년의 14,827에이커에서 지금은 37,265에이커(9,268에이커의 수공간 면적을 포함)로 증가했다. 이것은 현재 뉴욕시 전체 토지의 17.3%를 차지하는데 약 7%인 14,500에이커만이 시의 중심부에 있다. 현재 추진되고 있는 것 중에는 자메이카(Jamaica) 만의 15,000에이커를 자연보호지역으로 개조하는 사업과 이스트 강(East River)과 허드슨 강(Hudson River)에 수영장을 포함하는 수변개발 계획도 포함하고 있다.

▲1860년에 만들어진 센트럴파크의 지하도

17 그는 시장 재직 시 20세기 중반 뉴욕의 풍경을 실질적으로 변모시킨 공공사업계획을 추진했다. 그의 감독 아래 완성된 사업으로는 35개의 고속도로로 이루어진 도로연결망, 12개의 다리, 다수의 공원, 링컨 예술공연 센터, 셰이 경기장, 많은 주택건설계획, 2개의 수력발전소, 1964년 뉴욕 세계박람회 등이다. 그의 계획은 미국 다른 도시들의 대규모 계획에도 큰 영향을 미쳤다.

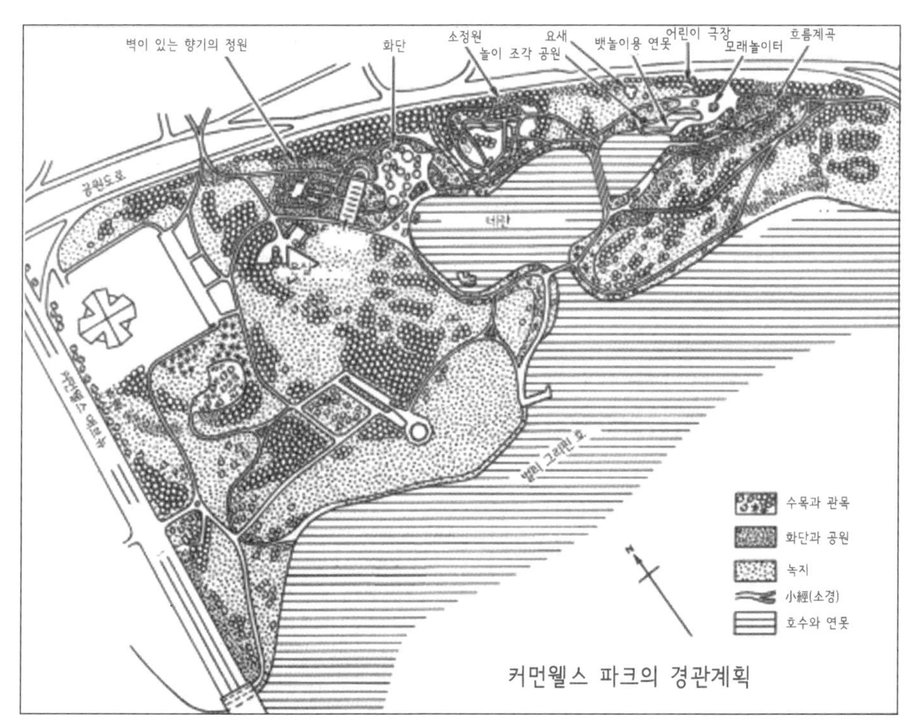

▲ 새로운 커먼웰스파크는 호주의 캔버라에 있으며 실비아 크로우가 설계

20세기 초 영국의 도시공원은 몰락하기 시작하였다. 개발하고 남은 여분의 토지에 화장이라도 하듯이 공원을 조성하는 것이 아니라 도시환경 전체의 필수적인 부분으로서 공원 계획을 앞서서 하고 있는 곳으로 스톡홀름(Stockholm), 암스테르담, 캔버라(Canberra), 스위스(Switzerland), 독일(Germany) 등의 몇몇 도시를 손꼽을 수 있다.

스톡홀름의 공원과 수계(水系), 취리히(Zurich)의 호안(湖岸), 뒤셀도르프(Dusseldorf)의 보행자와 자동차와의 분쟁에 관한 관리와 같은 사례들은 우리가 무엇을 이룰 수 있을지에 대한 가능성을 제시하고 있다.

아들레이드(Adelaide), 멜버른(Melbourne), 캔버라(Canberra)를 제외한 호주(Australia)의 대다수 공원은 경제적 타산이 맞지 않는 일부 토지에 대해서 추가 작업을 하고 있다. 이와는 반대로 독일의 슈투트가르트(Stuttgart)에 새로 생긴 중앙공원과 수변(水邊)공원은 시 중심부를 통하고 있어서 이 도시에 매우 유익한 효과를 주고 있다.

그럼에도 다른 여러 도시는 계속 뒷전에 남겨지게 되었는데 로스앤젤레스, 시드니(Sydney), 멜버른 등과 같은 부유한 도시에는 공원과 광장이 부족했고, 런던은 조상으로부터 물려받은 훌륭한 공원이 피카딜리(Piccadilly)에서 불과 7마일 이내에 80개 이상이 있음에도 불구하고 그 기능을 다하지 못하고 있다.

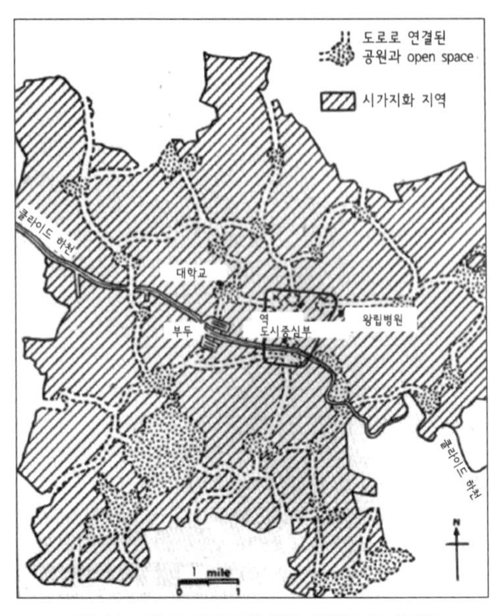

▲ 글라스고우의 주요공원계획. 공원도로에 있는 공원과 오픈스페이스

영국의 거의 모든 지역에서 고층빌딩과 새로운 도로 건설로 인하여 도시공원에 치명적인 훼손을 주어왔으나 새로운 공원을 조성할 수 있는 용지를 보상 받지 못했다. 특히 운하의 제방과 하안(河岸)은 흉악할 정도로 황폐해서 파리, 암스테르담에서 온 외국인들뿐 아니라 예전의 더블린(Dublin)과 셰필드(Sheffield)를 아는 국내 사람들마저 놀라게 할 정도다. 잉글랜드(England)와 웨일즈(Wales) 인구의 1/6과 부의 1/3을 가진 런던은 시민의 요구에 적합한 공원을 공급해야 하나 그 형태는 매우 불공평하다. 예를 들어 클랩햄(Clapham)과 완즈워스(Wandsworth)에는 전원지대가 사라지고 그 자리에 남겨진 매력없는 공유녹지(commons)가 사람들로부터 외면되어 붕괴되어질 상태에 처해 있다.

런던의 이스트엔드(East End)와 사우스뱅크(South Bank) 두 지역은 주택사정이 가장 나쁜 곳인 동시에 오픈스페이스도 부족한 지역이다. 지난 25년간 자동차로부터 안전하며 공원과 직접 연결되는 산책로를 만드는 것에 대한 논쟁이 있어왔는데, 광역런던계획 수립 당시 아버크롬비[18]교수가 1943년에서 1944년 사이에 계획했던 런던 환상녹지대(環狀綠地帶 그린벨트)를 실현시키기 위한 24개의 보도 조성안 마저 무시되고 말았다.

▲ 도시중심부에 있는 전원, 글라스고우의 공원계의 일부

근래 세계적으로 반복된 이러한 실패의 결과 외딴섬과 같은 곳은 제외하더라도 보행자들은 자기 자신이 살고 있는 도시에서조차 자유를 빼앗긴 죄인처럼 살고 있다. 디트로이트(Detroit)에서 워싱턴, 런던에 이르는 수많은 도시의 중심부에서는 현재 서서히 인구가 감소하고 있다. 이러한 현상은 도시 환경을 개선하기 위한 행동의 필요성과 가능성을 시사해준다.

18 광역런던계획은 1944년 도시계획가이며 건축설계가인 런던대학교의 교수 L. P. 아버크롬비(1879~1957)에 의해 작성된 계획이다. 런던은 제2차 세계대전 때 폭격의 피해가 심했는데 그 주요원인은 인구와 산업이 집중되어 있었기 때문이다. 아버크롬비 교수는 이 폐단을 시정하기 위해 광역런던계획을 작성하였다. 이 계획은 ① 런던의 중심부에서 반경 30마일 이내의 지역을 시가중심지·교외지대·녹지대·주변지대의 4개 지구로 나누고 ② 중심부에 집중되어 있는 인구와 산업을 녹지대 밖의 뉴타운으로 분산하는 것을 골자로 하고 있다. 대런던계획에서 제안된 분산계획을 실천하기 위해 영국은 '1945년 공업배치법(Distribution of Industry Act of 1945)'을 제정하고 1946년 신 도시법(New Town Act)을 제정 공포하였다.

03
공원의 이용과 사회학

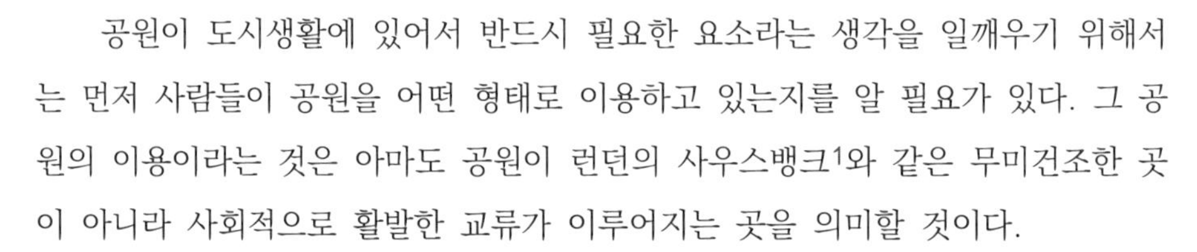

공원이 도시생활에 있어서 반드시 필요한 요소라는 생각을 일깨우기 위해서는 먼저 사람들이 공원을 어떤 형태로 이용하고 있는지를 알 필요가 있다. 그 공원의 이용이라는 것은 아마도 공원이 런던의 사우스뱅크[1]와 같은 무미건조한 곳이 아니라 사회적으로 활발한 교류가 이루어지는 곳을 의미할 것이다.

최근 암스테르담에서 행해진 조사는 런던에서의 조사결과를 입증했다. 즉 도시민들은 근처에 이용할 수 있는 공원이 있을 경우 10명 중에 7명은 그 공원을 이용했다. 더구나 많은 사람이 정기적으로 이용했다. 암스텔담 교외 근처 북쪽에

1 런던 템즈강 남쪽제방지역으로 현재 런던아이(London Eye)가 있는 곳.

있는 삼림공원인 에트 보스(Het Bos) 이용자의 40%는 연간 15회를 이용했다. 그리고 1968년에 런던의 공원을 대상으로 한 설문조사에서는 응답자의 약 52%는 주 1회 이상 공원을 방문했었다고 답했다. 1968년에 뉴욕의 센트럴파크를 방문했던 사람의 수는 1,100만 명이라고 추정되었다(이는 92년 전과 같은 숫자).

런던 리젠트파크의 이용자 수는 날씨가 좋은 일요일에는 하루에 5만 명에 이른다. 이것은 암스테르담의 삼림공원 이용자의 약 2배다. 최근 글라스(Glass)가 런던에서 행했던 조사에 의하면 매월 공원이용자 수의 3분의 2가 50에이커 이상의 상당히 큰 공원을 이용했다고 한다. 그리고 그 중 86%의 사람이 앉아서 놀거나, 산책과 같은 정적인 활동에 시간을 보냈고, 6%는 여러 가지 스포츠를 직접 즐기고, 3%는 오락, 또한 12%는 어린이를 돌보는 게 목적이었다. 면접 조사 결과 큰 공원일수록 공원의 주요한 요소는 훌륭한 경치와 조용함이라고 말했고, 피면접자의 반 이상은 어린이를 위한 특별한 시설이 필요하다고 답했다.

대부분의 공원이용자들은 도보로 공원을 방문했다. 이것은 만약 공원과 연계하여 대중교통서비스를 계획한다면 보다 넓은 지역의 사람들에게 공원을 이용할 수 있는 기회를 제공할 수 있음을 의미한다. 그러나 이러한 교통계획은 지속적인 개발의 결과로 인한 위험성을 항상 내포하고 있는 것도 사실이다. 한편 큰 공원 주변에는 도심으로부터 방사형의 대중교통과 연결되는 버스노선이 있다면 편리할 것이다. 1968년에 데인포드 스쿨(Daneford School)의 소년들이 런던의 왕립공원에서 행한 조사에 의하면 많은 사람들은 공원 내 식당의 유무라든지, 어떤 이용 가능한 오락물이 있는지를 잘 모르고 있어 우리를 놀라게 했다. 조사에 의하면 우선 영국의 전화번호부 책에는 「공원」이라든가 「왕립공원」이라는 항목이 아예 없어 사람들이 찾기에 불편하다. 많은 사람들이 가까이에 있는 공원의 개원시간은 언제인지 어린이가 이용할 수 있는 설비에는 어떠한 것이었는지, 또한 그 공원을 관리하는 주체가 정부의 공공건물 관리국인지, 시청인지, 또는 구청인지 모르고 있었다. 뉴욕은 이와 대조적으로 이용자를 위한 특별한 전화번호가 만들어져 있어 매일 1,000명 이상의 사람들이 755-4100번의 전화를 이용하여 공원의 행사에 관한 정

▲ 덴마크 코펜하겐(Copenhagen) 서쪽 끝에 위치한 프레데릭스베르그공원(Frederiksberg Park)에서 야외식사를 하는 사람들

보를 얻는다고 한다. 이 아이디어는 도시주민 사이에 공원은 자신들의 것이고 공원이 그들 생활의 일부로서 존재하고 있다는 의식을 기르기 위해 다른 도시에서도 이 아이디어를 차용할 필요가 있다고 생각된다.

호의적이든 아니든 공원이용자들이 보여주는 태도는 공원의 이용 상황에 큰 영향을 준다. 즉 별로 가고 싶지 않은 공원의 대부분은 아직까지도 이용자를 위하기보다는 관료적인 미세한 규칙에 의해 운영되고 있다. 패트릭 아버크롬비경은 베를린(Berlin)에서의 체험을 다음과 같이 회상했다. 그에 따르면 당시 베를린 경찰이 티어가르텐(Tiergarten)[2]의 시위대를 진압하기 위해 군중들에게 경찰봉을 휘두르자 도망가려던 군중들은 평소 규칙에 대한 훈련이 철저했기 때문에 커다란 혼란이 야기된 상황이었음에도 공원의 도로를 통해서만 침착하게 빠져 나갔다고 한다.

큐가든(Kew garden)에서는 이용자들이 잔디 위를 자유롭게 걸어 다닐 수 있다는 점은 파리의 셰익스피어 연극을 볼 수 있는 프리 카탈란공원(Pré Catalan)보다는 앞섰다고 볼 수 있다. 프랑스의 공원의 잔디밭 출입금지(PELOUSE INTERDITE) 간판으로 인해 사람들이 즐겨야 할 공원의 전원 풍경은 이차원의 그림엽서로 변하고 만다.

맥밀란(Macmillan)은 맨체스터공원국의 국장에 부임하자마자 「잔디밭에 들어가지 마시오」라는 식의 경고문과 관리하기에 골치 아픈 공원의 정형식 도로들을 모두 없애버렸다. 그러나 한편으론 청교도적 제도나 관습에 젖은 지방자치단체가 많아서 폐광에서나 어울리는 형태인, 위에 못을 박은 울타리가 둘러쳐지고, 설교를 금지하는 게시가 여기저기 붙고, 어린이 놀이터에는 일요일에 자물쇠가 채워졌다. 그리고 공원의 감시원들은 공원에 온 사람들이 잠시 무엇인가 즐기려는 것을 보는 즉시 호각을 불어서 제지하도록 지시받았다. 1970년 더위가 닥쳐온 어느 여름날 캠던(Camden)의 어느 공원에서는 한 살짜리 아이의 어머니가 그 아이가 떨어뜨린 옷을 집으려다 감시원에게 호되게 꾸중을 들었다. 이런 식으로 시민으로서의 긍지는 시당국 관리들이 인간의 본성을 구속하고 통제하는 공권력에 의해서 종종 제재를 받았다.

몇몇 공원들은 공공기관에서 가끔 입장을 허용할 때만 이용할 수 있는 녹지와 휴식 장소로 간주되고, 관리들의 사고방식은 사람들을 모두 쫓아냈으면 좋겠다고 한 영국박물관(英國博物館 the British Museum) 감시원의 말과 일치한다. 1970년 런던의 회사원은 빅토리아왕조 시대의 법률에 의하여 8파운드의 벌금을 물고 놀랐다. 그 법률에 의하면 관리는 시간에 관계없이 하이드파크를 걸어서 가는 자를 누구를 막론하고 내쫓을 수 있는 권한을 가지고 있다. 사람들로부터 항의가 있기

2 한 때 사냥터였던 이곳은(티어가르텐은 동물원이라는 뜻임) 1830년대에 조경가 피터 렌느(Peter Joseph Lenné)에 의해 오늘날의 모습으로 재탄생했다.

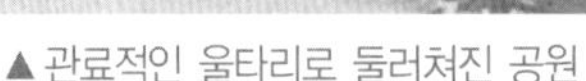

▲관료적인 울타리로 둘러쳐진 공원

▲울타리를 하지 않은 공원의 모습

전까지, 해이번트(Havant)의 리공원(Leigh Park)은 주말 오후에만 그것도 입장료까지 내고서야 공원에 들어가는 것이 허락되었다.

혁명 이후에도 프라하에서는 일반 사람들이 왕립공원을 이용할 수 있는 날은 일 년에 며칠 되지 않았다. 이는 대다수의 공공공원이 원래 사유지였던 곳을 일반 시민에게 개방하였는데 공원이용자들에게는 그 곳이 개인의 소유물이라는 인식이 아직 남아있었기 때문이다. 그리고 하위 계층 사람들은 초대되어진 침입자였고, 그들 중에서 공원을 자기들의 것이라는 생각을 가지고 있는 사람은 몇명에 불과했다. 뉴욕의 그래머시파크(Gramercy Park)의 경우는 아직까지도 그 지역에 거주하고 있는 사람들에게만 이용이 한정되어 있다.

런던 어느 마을의 광장은 사용만 한다면 근처 주민들을 위한 소공원(Pocket handkerchief park)으로서 이용될 수 있음에도 불구하고 울타리와 자물쇠가 채워져 있다. 그 광장에는 개와 때때로 앞치마를 두른 어린이들을 돌보는 여인들의 모습들뿐이다. 원래 그들의 선조들에 의해 마을 초지(village greens)로 사용되었던 점에서 본다면 아주 서글픈 퇴보이다. 지방자치단체는 대중의 편익을 위한 마을초지 공터를 확보하기 위해 스스로 노력해야 한다. 즉 18세기 영국 조경가 험프리 렙턴(Humphry Repton)[3]이 말한 '외견상의 확장'이라는 원칙을 사용하여 좁은 장소도 매우 유용하게 이용될 수 있다.

▲공원은 사람들을 위한 곳이다

한편 공원 양쪽 출입문에 울타리가 있든지 없던지 상관없이 여름과 겨울을 가리지 않고 6시 정각에 자물쇠가 채워지는 공원도 있다. 공원은 관리인이 공원 이용자들을 마치 전염병환자집단 대하듯이 일몰 한 시간 전에 벨을 울리고는 큰소리로 「전부 나가시오」라고 소리치지 말고 조명을 설치해서 저녁에도 공원에서 사람들이 즐길 수 있게 해야 한다.

런던의 영국박물관 근처 러셀광장(Russell Square)은 조명의 일부가 비록 에메랄드 그린(emerald green)이지만, 투광 조명 시설이 잘 되어 있는 극소수의 공원 중 하나이다. 겨울밤 리젠트파크의 조명이 비추어진 프림로즈힐(Primrose Hill)에서 토보간(toboggan)[4]으로 썰매를 타고 노는 사람들을 본 적이 있다면 다른 곳에서는 조명이 없어서 그것을 할 수가 없다는 것을 알게 될 것이다.

공공 테니스코트도 이용자들의 요구만 있다면 따뜻한 계절의 야간 이용을 위해 조명을 설치해야 한다. 예상하기 어려운 기후 변화에 대처하기 위해 개폐가 자유로운 슬라이드식 지붕, 카페의 테이블이나 옥외 수영장에 난방장치를 설치하는 것과 같은 혁신적인 노력이 경주되어야 한다.

공원의 핵심이 지금까지의 원예적인 면에서 레크리에이션적인 면으로 계속

3 험프리 렙턴(Humphry Repton, 1752-24)은 브라운의 뒤를 이은 18세기 위대한 영국 풍경식 정원가다.
4 좁고 길게 생긴 썰매.

▲ 여름의 야간 조명

옮겨가고 있다(여기서 말하는 레크리에이션이라는 말은 넓은 의미에서의 말이고 때로는 복고적인 정말로 이해되지 않는 것까지 포함된다). 그렇지만 반드시 기억해야 할 것은 매우 많은 사람들은 공원을 평화로움과 휴식을 위해 방문한다는 것이다. 공원이 지역사회에서 수행해야 할 긍정적인 기능이 증진되고 있지만 반면에 대부분 공원이용자들이 기본적으로 바라는 것은 도심의 혼돈에서 벗어나 잔디나 나무와 물 등으로 잘 디자인된 천국과 같은 자연환경이라는 것이다.

토지와 예산이 한정되어진 상황에서도 개개인을 대립시키거나 전체의 의견을 묵살하지 않게 소수의 의견도 잘 반영될 수 있는 사려가 깊고 세련된 공원계획이 필요하다.

글라스가 1966~68년에 행한 조사를 분석해보면 공원의 이용자는 다음과 같은 여섯 그룹으로 나누어진다.

1. **엄마와 유아**: 모래사장, 놀이기구가 있는 쉽게 접근할 수 있는 공원을 원한다.
2. **4~12세 어린이**: 동물과 새를 좋아하고 재미있게 놀 수 있는 장소와 공놀이

를 할 수 있는 충분한 공간을 원한다.

3 **10대 청소년들**: 수영과 그 밖의 여러 가지 스포츠와 오락 등에 관심이 있으며 마음대로 누워서 뒹굴 수 있는 장소를 좋아한다.

4 **청년**: 운동을 할 수 있는 경기장과 어린이들을 데리고 갈 수 있으며, 어떤 이는 산책과 소풍을 즐기고 누울 수 있는 잔디가 있는 장소를 원한다.

5 **중년층**: 직장 근처에서 점심을 먹을 수 있고, 산책을 하고 편안히 이야기를 할 수 있는 공원을 원하고 있다.

6 **노년층**: 1과 동일하게 쉽게 갈 수 있고, 거기에서 편안하게 이것저것 이야기하면서 젊은 사람과 어린아이들이 노는 것을 바라볼 수 있는 공원을 좋아한다.

확실히 무미건조한 도시생활에 있어서 공원은 고독을 해소시켜주는데 있어 중요한 역할을 하고 있으며, 특히 가장 외로운 연령층인 아이들과 노인들에게 있어서 공원의 의미는 특별하다. 앞으로 이 두 연령층이 영국 전체 인구에서 차지하는 비율은 점차 증가할 것이다. 앞으로 15년간의 영국 전체 평균 인구 증가율 10%인 것에 비교해 볼 때 같은 기간 65세 이상의 인구는 20%, 5~19세는 18%가 증가될 것이라고 예측된다. 공원 내에 난방시설이 완비된 유리로 된 정자(Pavilion)를 만들면 일 년 내내 노인들이 이 곳에서 이야기를 나눌 수 있고 공원의 경치나 계절의 변화를 감상할 수 있는 장소가 된다. 한편 어린이 놀이터는 외로운 어린이들이 서로 친구가 될 수 있는 기회를 제공한다. 어린이들뿐만 아니라 어머니들도 공원에 부설되어 운영되는 어린이를 위한 사교클럽(One O'clock Club)[5]에서 만나는 것을 좋아한다. 왜냐하면 고층 아파트 생활이 길가에 나란히 서 있는 오래된 저층 주택들에서의 생활보다 사회적 고립감이 더욱 심하기 때문이다. '때로는 이야기 상대가 필요하고 울고 싶은 일이 있다'고 이야기 한 어느 런던의 도시 거주자와

5 공원에 부설된 5세 이하의 어린이를 위해 어린이와 어린이 보호자를 위해 제공되는 일종의 사교클럽.

자연스러운 식물로 둘러싸여진 연못은 강한 느낌을 부여한다

◀19세기에 버려졌던 토지를 매립하여 만든 공원

같은 사람들은 우리들의 상상 이상으로 많다. 공원에서 누군가와 친구가 되어 이야기하고 싶다고 말하는 사람들을 위해 특별히 제작된 테이블과 의자를 설치하도록 하는 것도 가능할 것이다.

그러나 노인, 맹인, 지적장애인 등과 같은 특수집단들을 위한 계획을 수립할 때 그들을 위한 시설이 오히려 그들의 고립을 더욱 증대시키는 일이 되지 않도록 주의해야 한다. 예를 들어 맹인을 위한 방향원(芳香園) 계획은 오히려 그들로 하여금 그들이 차별대우를 받고 있다고 생각할 수도 있다. 소수의 사람들에게 가장 필요로 하는 것은 대부분의 경우 완전한 형태의 사회참여다. 여러 부류의 사람들이 다른 사람들로부터 불쾌감을 느끼지 않고 편안하게 머무를 수 있는 공원을 계획하는 것이 그 공원의 성패를 좌우한다.

▲ 위락을 목적으로 하는 공원은 보기에 흉물스럽지 않아야 한다.
코펜하겐(Copenhagen)의 티볼리공원(Tivoli Park)

도시부락(urban village)은 이상적인 도시를 만드는 도시의 구성단위로서 도시의 중심부에도 농촌의 공유초지(village green)에 해당하는 녹지를 조성해야 한다.

뉴저지(New Jersey) 래드번(Radburn)의 클래런스 스타인(Clarence Stein)에서는 주택에서 나무 구경하기가 힘든데 그래서 이곳에서는 공원을 근린사회의 중추로서의 역할을 수행한다는 것을 목표로 조성했다. 공동체의 구성원들에게 공원의 운영과 관리에 참여해 줄 것을 요청함으로써 그들에게 공동체 의식과 소유의식을 함께 느끼게 하였다. 지역의 주민들과 함께 그들의 환경을 만들어 가는 한 가지 방법으로써 「식수 장려계획」이 있는데, 이를 위해서는 시정부나 지방자치단체에서 지역주민에게 식수할 나무를 무료로 제공해야 한다.

주택단지나 학교의 아이들에게 한 사람당 한 그루의 나무를 심고 그것을 자신의 것으로 키워 나가게 할 수도 있다. 평소에는 잘 발휘되지 않지만 일반 사람들도 대단히 우수한 기획력이나 마을 만들기 능력을 갖고 있다. 식수나 초목의 손질을 책임질 사람은 늙음과 젊음을 문제 삼지 않고 모든 사람들 중에서 모집해야 한다. 이처럼 부모들이 안심하고 직장이나 쇼핑하러 나갈 수 있게 놀이터에서 노는 아이를 돌아가며 돌보기 위한 사람을 모집하는 일도 생각해 낼 수 있다.

▲영국의 넌이턴(Nuneaton)의 인공 유희 언덕. 마리 미셸(Mary Mitchell)이 설계했다.

잘 계획 되어진 공원은 모든 연령층에게 무엇인가를 제공함으로서 가족들이 함께 시간을 보낼 수 있도록 초점을 맞추어야 한다. 영국의 초기 몇몇 뉴 타운 계획의 가장 중대한 실수의 한 가지는 어린이가 대단히 많음에도 불구하고 공원과 같은 레크리에이션 시설을 하나도 조성하지 않은 채로 주택을 건설해버렸다는 점이다. 예를 들면 버밍엄의 뉴 타운 캐슬 베일(Castle Vale)단지에는 스트라트포드 온 에이븐(Stratford on Avon)마을과 맞먹는 주민 2만 명이 살고 있음에도 불구하고 레크리에이션 시설은 전혀 계획되지도 않았다.

오픈스페이스(Open space)는 도시계획에 있어서 매우 중요한 자산이다. 왜냐하면 여러 사람들이 즐길 수가 있고, 여러 사람들이 어울리는 사교장이 될 수 있기 때문이다. 이러한 공원의 역할은 17세기 영국 해군제독이자 국회의원이었던 사무엘 핍스(Samuel Pepys)가 세인트 제임스공원에 엎드려 누워서 낮잠을 즐기고, 찰스 2세(Charles II)가 그곳의 연못에서 수영을 했을 때부터 늘 그래왔다.

1850년 옴스테드는 영국의 버큰헤드공원을 방문하여 커다란 감명을 받았다. 그 중에서 그에게 가장 강한 인상을 준 것이 한 가지 있었다. 그는 그의 영국 견문기에서 다음과 같이 기록하고 있다.

> "이 넓은 공원 부지 전부가 완전히 그리고 영원히 시민의 소유다. 영국에서 가장 가난한 농부도 여왕과 동등하고 자유롭게 이 공원에서 즐길 수 있다. 더 놀란 일은 버큰헤드의 빵 만드는 사람도 이 공원이 자신의 것이라고 하는 자부심을 갖고 있다는 것이다."

공원은 이론적으로는 모든 사람들을 위한 것이다. 그러나 현실에서는 공원의 이용이 사람에 따라 평등할 수도 그렇지 않을 수도 있다. 예를 들면 많은 공원에는 잘 손질 되어진 잔디밭에서 행해진 목구경기를 위한 볼링그린(Bowling green)이 있지만, 이곳을 이용하는 사람은 극히 소수이며 더구나 일주일에 몇 시간뿐이다. 이와 반대로 어린이들은 대부분 잘 정비되지 않은 좁은 진창에서 놀고 있다.

공원은 사람의 마음을 사로잡아 그들에게 친근한 사회적 상징이 된다. 1969년 7월 지역공원의 입장료 6펜스를 인상시키자는 제안에 반대하여 6명의 용감한 햄

▲뉴욕의 슬럼지역 거주민에 의해 만들어진 소공원

프셔(Hampshire) 시민들은 항의를 철회하지 않고 감옥행을 택했다. 같은 해 4월 캘리포니아(California)주 버클리(Berkely)와 뉴욕에서는 수천 명의 사람들이 공지를 이용하여 “시민공원”을 조성했다. 인근 상인들이 나무나 화초를 제공하고 조각이나 그네도 설치해 주었다. 그러나 「법과 질서」라는 명분으로 경찰들은 그곳의 모든 사람들을 내쫓고 공원을 파괴했다.

대부분의 도시에는 젊은 여행자를 위한 값이 저렴한 여관 같은 것이 부족하다. 그래서 날씨가 따뜻해지면 항상 이 젊은이들 몇 명은 공원에서 노숙을 하기도 한다. 그들 중에서는 술을 좋아하는 이들도 있다. 그런 그들이 공원을 나누는 방식은 급수전의 유무에 따라서 포도주나 과일주와 같이 도수가 낮은 술을 마시는 공원과 메틸알코올이 든 술이나 위스키와 같은 도수가 높은 술을 마시는 공원으로 나눈다고 한다. 급수전과는 달리 울타리 담장에 날카로운 못이 있는지의 유무와 공원의 구분과는 별다른 차이가 없다고 한다.

믿기 어려울지 모르지만 공원녹지와 관련된 사회적인 문제가 공원녹지에 대한 감정적인 공격의 수단으로 발전하는 수가 종종 있다. 옛날 뉴욕경찰은 공원 내에 사람들이 숨을 가능성이 있는 키가 작은 정원수를 모두 철거해 버릴 것을 요청했다. 그리고 몇몇 자경단원(自警團員)은 퀸즈파크(Queens Park)에 줄지어 심어진 아름다운 나무를 그곳이 동성연애자들의 모임 장소라는 이유로 잘라버렸다. 최근의 예로 1968년 런던청(GLC)은 커머셜 로드(Commercial Road)의 세인트 메리공원(St. Mary Park) 정원수의 일부를 없애버릴 계획을 세웠는데 그 이유는 이곳이 부랑자들의 집합장소였기 때문이다. 또 최근 배터시공원(Battersea Park)에서 트랙터가 나무숲을 없애버린 이유에 대해 의문을 제기한 어떤 캐나다인은 그 대답을 듣고서 기가 막혀 버렸는데, 그 이유가 지난주에 그 숲의 뒷부분에서 성폭력 사건이 발생했기 때문이라는 것이다.

전통적으로 환경계획을 수립함에 있어서 주민 모두의 협조를 얻는 다는 것은 언제나 거의 부정적이었다. 협조가 있었다면 그것은 개발하는 측의 위협과 싸우기 위한 일시적인 것이었다. 그러나 이러한 협력이 창조적이지 않을 이유는 없다고 생각한다. 지역사회의 사람들이 협력해서 오픈스페이스의 관리운영에 참여하게 된다면 이것은 사람들 사이에 그 지역이 자신들의 것이고, 자신들도 그 지역에 속해있다는 애향의식을 높이는데 기여한다. 지역에서 공원을 우선적으로 필요로 하는 사람들은 자신의 개인정원이 없거나, 교외에 나가서 즐길 수 있는 레저 기회가 적은 저소득층 사람들이지만 그럼에도 어떤 형태의 공동체에 있어서도 오픈스페이스 즉, 공원녹지는 지역주민들 간의 협력을 경험하게 하는 기회를 준다고 하겠다.

켄싱턴의 래드블로크(Ladbroke)지구는 마을의 중심부에 있는 공유정원(common gardens)을 마을의 위원회에서 운영·관리한다. 그래서 지자체가 위원회를 대신해서 유지비라는 명목으로 소액의 부담금을 집주인들로부터 징수하고 있다.

남부 런던의 큰 도시인 클로이돈(Croydon)의 새로운 주택단지 웨이츠(Wates)에서 샹크랜드(Shankland)가 행했던 한 조사에 따르면 그곳의 중산층 주민들은 경관을 잘 보전하기 위해서라면 연간 150파운드의 돈을 기꺼이 지불하겠다고 응답했다. 그리고 그들이 공유하는 공원녹지는 자신들이 스스로 관리하고 싶다고 대답

▲ 없어진 래드블로크(Ladbroke)주택단지의 일부였던 아룬델 가든스(Arundel Gardens)에서는 키 큰 나무를 볼 수 있다.[6]

(자료: Wikipedia 사전에서, 역자)

했다. 왜냐하면 이 공유 관리라는 방법은 특히 어린이 놀이터가 서로 분리되어 있을 경우에 새로운 입주자를 단지에 빨리 적응시키고 기존 주민들과 새 입주자들 사이의 친밀도가 깊어질 수 있다는 부가적인 이점을 가지고 있다.

비록 개인소유의 정원은 개인이 더 잘 돌볼 수는 있겠지만 집집마다 담장을 쳐서 만들어진 개인소유의 한 뼘 정원보다는 각 가정마다 개인의 중정을 가진 래드블로크(Ladbroke)주택단지 방식이 경관을 더욱 잘 조성할 수 있고 키가 큰 나무를 심을 수 있다.

6 래드블로크 주택단지(Ladbroke Estate)의 모습(Wikipedia 사전에서).

이와는 대조적으로 계획된 곳의 예가 랜스버리(Lansbury)의 계획인데, 이곳에 계획된 공원과 산책로는 주위의 공영주택단지와는 울타리로 구분되어 있다. 이 곳은 주택국과 공원국과의 행정 분리주의의 슬픈 산물로서 필요하지도 않는 공원과 주택단지사이의 철책으로 인하여 주민들의 공원접근을 방해하였을 뿐만 아니라 결국 이웃 사람들 간의 교제를 막아 서로에게 손해를 입히는 결과를 가져왔다.

어떠한 공원 계획에 있어서도 공원을 도시구조로부터 따로 떼어내지 말고 일부분으로서 생각하는 것이 필요하며 주민들이 쉽게 이용할 수 있게 하는 것이 중요하다. 그리고 공원을 울타리의 다른 쪽에서 격리시킨다든지 왕래가 많은 도로와 공원의 입구 사이가 1마일(1.6km) 정도 떨어지게 해서는 안 된다. 일상생활에서 공원이 필요하듯이 공원도 생활의 일부분이라고 할 수 있다. 공원은 지역사회의 필요성과는 그다지 관계가 없는 것이 아닌 본래 부족하면 안 되는 주민들에게 필수적인 요소로 보아야 한다. 공원위원회가 지역 생활의 현실과 유리된다든지, 혹은 적대관계에 빠져 위험성이 존재하는 관계에서 벗어나야 한다. 이것을 지키는 것은 이 공원을 이용하는 지역에서 선출되어진 대표에 의해 설립된 독립된 위원회에서 각각의 공원이나 기타 오픈스페이스를 관리해야 한다.

옴스테드와 페트릭 게데스(Patrick Geddes)경[7]도 공원은 그 지역 사람들의 요구를 충족시키는 계획을 해야 한다는 강한 신념을 가졌다. 이 전통은 현재 뉴욕에 의해 부활되었다. 새로운 공원의 조성안이 제안된 지역에는 주민들과의 간담회가 개최되었다(1967년에는 총 260회). 이 곳에서는 공원모형과 계획안이 검토되어 주민의 편에서 필요하다고 요구된 제안과 비판이 수용되었다. 즉 공원이 실제 그것을 필요로 하는 사람들을 위해 설계되었다는 것이다. 그러한 주민들은 '공원을 자기들의 것'이라는 느낌과 그것의 유지관리에 각자가 소유자로서 관심을 표했다. 관

7 앤드류 카네기(Andrew Carnegie)의 출생지 던퍼믈린(Dunfermline)에 카네기(Carnegie)신탁회사의 의뢰를 받아 공원을 계획했다. 패트릭 기데스 경(1854-1832)은 스코틀랜드 태생의 생물학자, 사회학자, 지리학자, 자선사업가 그리고 도시계획가였다. 그는 사회학과 도시계획에 있어서 혁신적인 아이디어로 유명하다. 그는 건축과 도시계획 분야에 "region(지역)"이라는 개념을 소개하였고 "conurbation(연담)"이라는 용어를 창안했다.

▲ 런던 동부의 랜즈버리(Lansbury)의 오픈스페이스, 도로의 낙원이다!

리를 위한 가장 좋은 방법은 19세기가 지나간지 오래인 오늘날에 그 시대의 유산으로 남아있는 공원을 더 이상 빅토리아(Victoria) 왕조시대의 정신으로 관리하면 안 된다는 것이다.

Parks for People

04
공원의 디자인

우리는 점점 증가하는 표준화 시대에 살고 있지만 공원을 디자인 교범에 따라 규격대로 디자인하고 갖가지 규칙을 적용시킨 규격화된 공원은 우리가 진정

원하는 공원의 모습이 아니다. 무엇보다도 도시의 공원은 벽돌과 콘크리트로 만들어진 건축물이 주는 압박감으로부터 도시민들을 해방시켜주는 기회를 제공한다. 우리가 그러한 해방감을 성취할 수 있는 방법은 여러 가지가 있다. 결국 사람들은 모든 종류의 공원을 조성할 수 있고 게다가 그 다양성은 중요하다. 그리고 개개의 공원은 서로 다른 특징을 가져야 하고 그 특징에 의해 서로 다른 느낌이 사람들에게 동시에 기억되어야 한다. 이 때 가장 기본적인 요구사항은 공원의 목적에 맞는 공간의 상상력과 감각이다. 그 가능성은 무한하며 공원 디자인이라는 주제만으로 여러 권의 책을 출간할 만큼 폭넓다. 여기서는 지면의 제한으로 인해 꼭 고려해야 할 중요한 점 몇 가지만을 지적하겠다. 먼저 이 장을 시작함에 있어서 몇 장의 스케치와 해설로 공원디자인의 기본적인 원리를 설명하는 것이 적절하다고 생각한다.

■ 형(形)의 대조(對照) ■

공원이 반드시 평평해야 할 필요는 없다. 마치 지면을 조각한 것처럼 흙을 쌓아 산을 만들고, 지면을 파서 계곡을 만드는 이러한 기복이 많은 공원을 조성하면 도시 주위의 딱딱한 선은 직선과 곡선이 자아내는 신선한 대비에 의해 변화된 인상을 주게 될 것이다. 아울러 피라미드 모양의 초지나 언덕, 잔디를 심은 제방의 사면은 각의 변화에 의해서 눈을 즐겁게 하여 줄 뿐 아니라 공원 주변의 도로를 달리는 자동차의 모습을 숨기고 그 소음을 완화시킨다는 실질적인 효과도 있다. 즉 도로 바로 가까이에 있어서도 조용한 장소를 만들 수 있다.

이러한 형의 대지(Ground) 조성은 어느 곳에서든지 가능하다. 그러나 무감각하게 평탄한 공원이 너무 많다. 이러한 공원은 분명히 현장을 무시한 도면상에서 고안된 결과로서 자동차의 영향을 정면으로 받도록 도로 쪽으로 열려 있는 모양을 하고 있다. 예를 들면 런던 셰퍼드 부쉬(Shepherd's Bush)에 있는 삼각형의 공원은 그 세 방향이 도로에 의해 둘러 싸여 있어 차로 인해 고통을 받고 있다. 만약 인공의 작은 언덕을 설치해 보호를 받는다면 매우 좋을 것이다.

셰퍼드 부쉬(Shepherd's Bush)/실현도

◀ 셰퍼드 부쉬(Shepherd's Bush) 공원의 모습

(자료: Wikipedia 사전에서, 역자)

■ 고저변화의 이용 ■

지면의 고저 변화를 훌륭하게 조합시킬 수 있다면 매우 다양한 활동을 동시에 할 수 있고, 각각의 활동은 분리된 낙원에서처럼 다른 곳으로부터 보이지 않도록 할 수가 있다. 또는 고저의 변화를 이용하여 아비뇽(Avignon)의 로셰 드 돔(Roche de Dom)공원과 같이 극적 효과를 얻을 수가 있다. 이 공원의 언덕길은 하늘까지 까마득하게 이어져 있는 것 같이 보이고 여기를 방문하는 사람은 울창하고 무성한 숲의 가운데를 따라 정상까지 올라가면 갑자기 경치가 변화하고 사방에서 매우 훌륭한 조망이 전개된다고 한다.

▲ 아비뇽의 로셰 드 돔(Roche de Dom)공원의 모습

(자료: *Wikipedia* 사전에서, 역자)

▲ 로셰 드 돔(Roche de Dom)공원에서 바라본 방뚜(Ventoux)산의 모습

(자료: Wikipedia 사전에서, 역자)

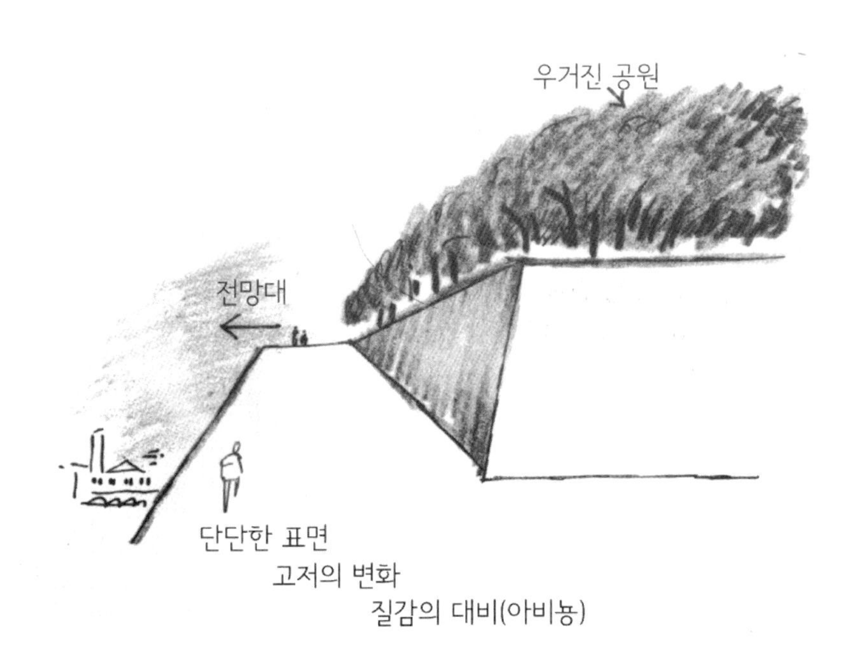

■ 환상 ■

실제 이 환상이라는 감각은 공원디자인에 있어서는 가장 중요한 측면의 하나이고 디자이너의 모든 기술을 요하는 디자인요소다. 그런데 이 대부분의 공원디자인이 디자이너의 책상 위에서만 고안된 것이 대부분이다. 그 계획이 실제 부지 위에 실현되면 매우 재미없고 게다가 한 눈에 전경이 다 보이기도 한다. 무엇보다도 공원에는 매력과 신비함이 요구된다. 공원은 그것이 가진 모든 비밀을 한 번에 드러낸다면 그 공원은 싫증나는 장소가 되고 말 것이다.

공원디자인에 있어서 본질적으로 필요한 것은 공간을 창조하고 그것을 확대하는 능력이다.

조그마한 공원에 하늘을 배경으로 솟아있는 언덕의 정경에 의해서 끝없이 펼쳐지는 초목과 잔디는 이용자들에게 환상을 줄 수 있다. 공간이 무한하게 넓어진다는 인상을 주고 이용자에게 해방감을 느끼게 하는 데는 수림과 경사면을 잘 이용해서 실제 공원의 경계선을 이용자의 눈에서 안보이게 하는 것은 매우 중요하다. 또한 수면에 비치는 그림자 등에 의해서 대지와 하늘을 연결시키는 것도 중요하다.

세인트 제임스공원(St. James's Park)에 있어서 내쉬(Nash)의 연못 처리 기법은 환상적인 이용의 구체적 실례이다. 이 연못의 흐르는 것처럼 이어진 연못가의 선은 울창한 나무로 뒤덮인 섬에 가로막혀 도중에서 볼 수 없고 어느 곳에서 바라보아도 연못의 끝이 어디인지 알 수 없도록 되어 있다. 이것은

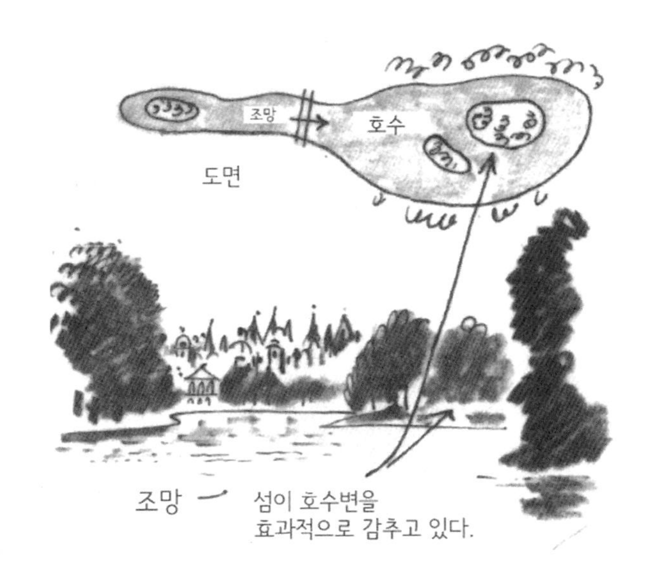

신비한 느낌으로 계속 이어진 수면이라는 환상을 준다. 인공폭포(Cascade)는 공원을 둘러싼 벽과 뒤쪽을 달리는 차량의 소음을 저감시키는 역할을 하고

▲ 세인트 제임스공원(St. James's Park) 연못의 환상적인 모습

(자료: Wikipedia 사전에서, 역자)

1. 입구-높은 벽으로 가려진 비밀의 세계로

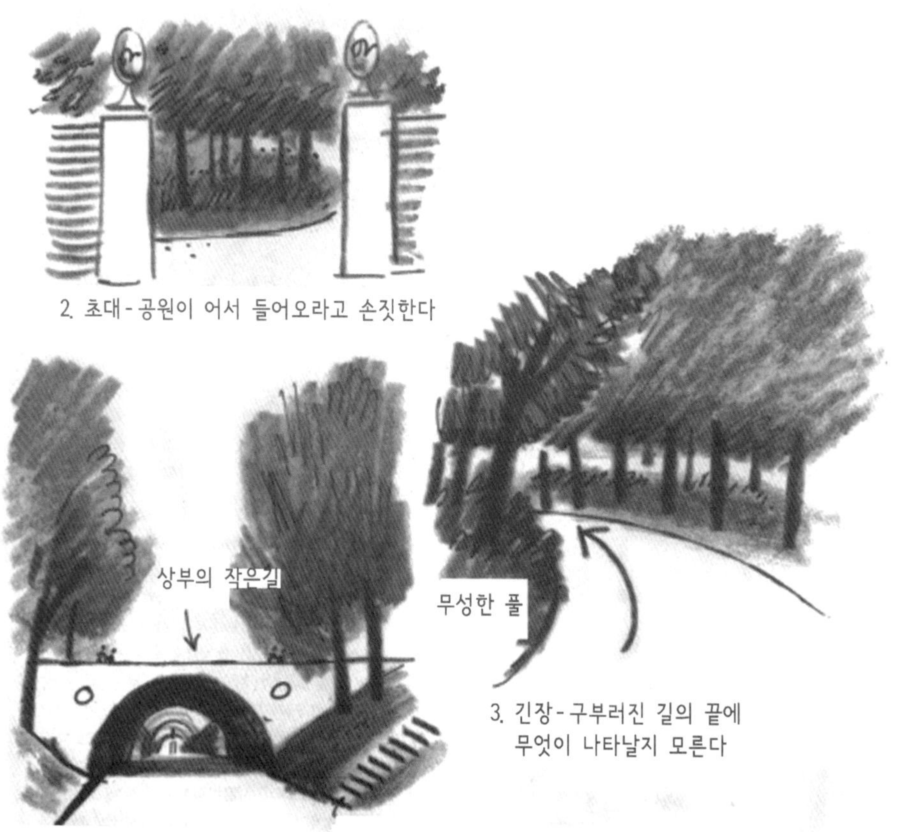

2. 초대 - 공원이 어서 들어오라고 손짓한다

3. 긴장 - 구부러진 길의 끝에
무엇이 나타날지 모른다

4. 아치형구조물-숲속의
산책로에서 정형적인
직선으로의 변화를 표시한다.

높은 곳으로 올라가는 계단은
길을 선택할 수 있는 기회를 제공한다

아치길이 파고라에 의해
이어져 터널이 형성된다.

두터운 생울타리
틈새에는 조각이 되어 있다.

5. 터널

터널의 끝지점에서
지면은 내리막 길이 되고
교회의 첨탑이 보인다.
터널에 의해 탄생한
한 폭의 그림이다.

6. 조망

7. 놀라움 - 고저의 변화에 의해 생성된다

있다. 공원의 설계에 있어서 중요함에도 빠뜨리기 쉬운 것은 공원이용자들이 공원의 입구에서 차츰 공원 안으로 들어감에 따라 얻을 수 있는 심리적 경험을 의식적으로 제어하는 것이다. 이것은 높은 수준의 삼차원적 상상력을 필요로 한다.

앞에서의 그림 1~7에서 보듯이 공원의 정경은 하나의 장면에서 다음의 장면으로 연속적으로 전개하면서 사람들을 유혹하는 힘, 지속적인 긴장감, 개방된 조망, 놀라움이라는 심리적 효과를 만들어 낸 좋은 예를 보여준다. 지면의 고저, 식물, 물, 건축물, 그리고 지표면이나 소재의 질감 등이 종횡으로 잘 구사되어 있다.

■ 공원의 도로 ■

공원 내 이용자를 위한 보도의 디자인은 중요한 일이며, 공원보도의 디자인에는 예민한 감수성이 요구된다. 예를 들면 직선의 공원보도가 만들어내는 분위기는 어느 곳으로 급하게 가고자 할 때의 느낌이기 때문에 일반적으로 이런 분위기는 작은 공원에서는 피하는 것이 좋다. 이와는 반대로 기복이 심한 지형을 좌우로 굽어가면서 이어진 공원보도는 도시에 실용적인 목적으로 만들어진 직선적인 보도와는 대조적으로 사람들을 천천히 걷게 하여 명상적인 느낌에 젖도록 해준다.

■ 질감 ■

여가를 조용하게 보내고 생각에 몰두하는 사람들을 위해 만들어진 공원은 질감의 대조라는 설계상의 세밀한 부분이 특히 중요하다. 왜냐하면 사람들은 공원에 와서 자세한 부분을 감상하는 시간을 갖기 때문이다. 그러나 실제로는 새롭게 조성된 많은 공원들은 소형 활주로처럼 어두운색의 콘크리트로 포장된 도로에 의해 공간이 서로 분리되어 있다. 아직 다양한 색상의 공원보도용 포장 재료가 개발되지 않았기 때문이다. 한편 공원 주 보도의 옆을 따라 판석과 함께 깔린 자갈포장은 사람들의 보행에 의해 잔디밭의 가장자리 부분이 보행자들에게 밟히는 것을 방지함과 동시에 비가 올 경우 배수로의 역할도 하고 있다. 소재의 크기나 질감에서의 흥미로운 대

비는 판석과 함께 깔린 자갈 상호간에도 있을 수 있고 아울러 판석과 잔디 사이에도 볼 수 있다.

물론 식재 그 자체의 질감도 중요하다. 식물 재료의 거침과 부드러움 그리고 크고 작음의 대비는 무한한 가능성을 가지고 있다. 그러나 여기에는 많은 함정이 있고 특히 식재가 지나친 장식이 될 우려가 있다. 결국 지나치게 여러 가지의 재료나 식물이 단지 요상함을 과시하기 위해서만 사용되면 그 결과 공원에 있어서 가장 바람직하지 못한 요소를 만들어 낼 가능성이 생긴다. 다양한 채색의 현란한 판석의 사용은 공원을 더 어수선하게 한다. 일반적으로 말해서 조경디자인 재료의 색은 억제하는 쪽이 좋다. 특히 화목이나 화초가 있는 곳에서는 꼭 명심해야 한다. 차라리 조경디자인 재료 하나하나의 크기에 변화를 주는 쪽에 주의를 기울여야 할 것이다. 통로 또는 계단과 그것에 인접한 식재와의 대비에 의해 거침과 부드러움이 혼합된 흥미로운 효과를 얻을 수 있다.

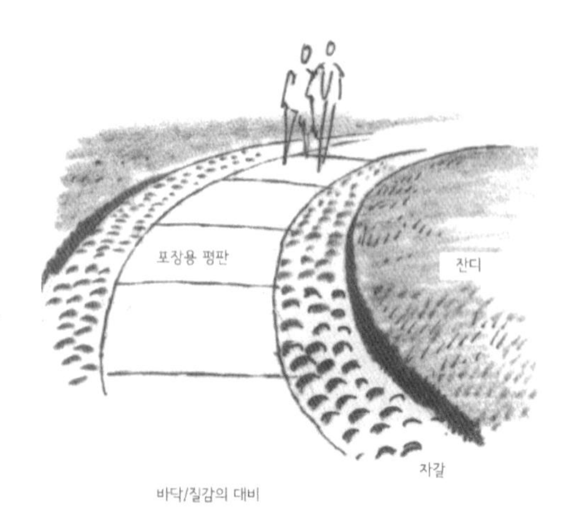

바닥/질감의 대비

자갈로 좁은 길을 만들어 사람들이 잔디로 들어오는 것을 방지하고 동시에 배수로의 역할도 한다.

■ 지형의 대비 ■

지형도 공원의 디자인에 있어서 중요한 요소의 하나이다. 브라질 출신의 조경가 벌 막스(Burle Marx)의 정원이 그 좋은 예로 물 흐르는 듯 부드러운 정원의 형태와 주위의 딱딱한 직선적인 담과의 대비가 시선을 즐겁게 하여 준다. 이런 효과는 벽으로 둘러싸인 정원이라면 어느 곳에서도 볼 수가 있다.

벌 막스의 울타리 정원은
유선형의 정원과 직선형의 벽이 대비를 이룬다

▲ 조경가 벌 막스(Burle Marx)의 카라카스에 있는 에스테공원(Parque del Este, Caracas) 모습.

(자료: Wikipedia 사전에서, 역자)

■ 정경의 대비 ■

언덕, 수림, 아치 또는 터널과 같은 것으로서 공원 이용자의 시선을 차단하는 것은 하나의 정경에서 전혀 다른 정경으로의 변화를 연출하기 위해 디자이너가 잘 사용하는 수법이다. 그것으로 인해 다음에 나타날 경치에 대한 기대감을 계속 유지할 수 있다.

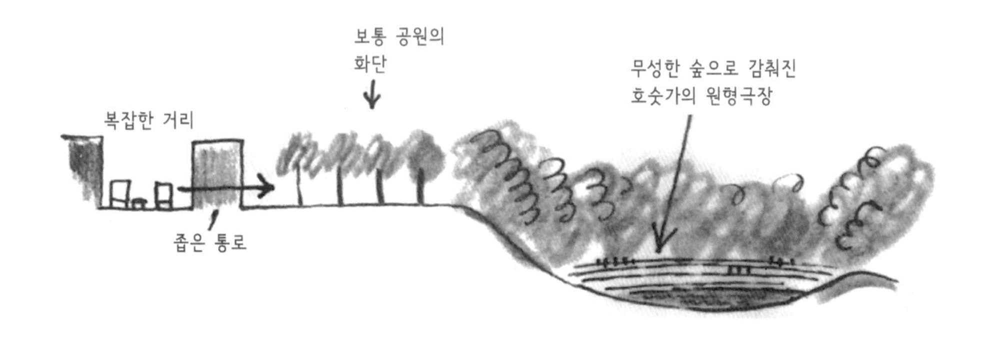

■ 넓이의 대비 ■

공원의 디자인에 있어서 다양한 규모의 공간을 배치할 필요가 있다는 것도 기억해야 할 가치가 있다. 식재에 의해 둘러싸인 편안하게 앉을 수 있는 조그마한 장소에서 넓게 개방된 운동장에 이르기까지 넓이나 이용목적이 같지 않은 여러 가지 공간이 필요하다고 생각된다. 최대한의 변화를 얻을 수 있는 다양한 공간을 배치하면 좋다. 그런데 실제는 어떠한가? 예를 들면 도면 위에서의 벤치는 나무랄 데 없는 기대를 가지고 배치를 한다. 그러나 시공 후 완성해서 보면 노천의 초원 위에 띄엄띄엄 설치되어 있고 조망이 나쁜 쪽으로 향하고 있는 경우가 많다.

시가지 내에 있는 소공원
'잔디에 들어가지 마시오'와 같은 주의 표시는 필요가 없다.

■ 움직임과 소리 ■

움직임은 작은 공원에 인접한 빌딩군이라는 거대한 집단으로부터 안정감을 얻을 수 있는 것 중에서 가장 중요한 것이다. 여기서 움직임이라는 것은 돌진하는 자동차의 모습이 아닌 마음을 가라앉히는 나뭇잎의 한들거림, 잔물결을 일으키는 물의 움직임 등이다. 마찬가지로 수목이 바람에 의해 가벼운 소리를 내는 음과 분수의 물보라 소리 등이 귀에 거슬리는 도시의 소음을 대신할 수 있다.

"모든 고상한 예술에는 어떤 전문적인 의견을 뒷받침하기 위해 주장하는 어떤 확립된 규칙 또는 일반적인 원칙이 있다. 그러나 랜드스케이프 가드닝(Landscape Gardening)에는 한 사람 한 사람이 일시적인 생각과 변덕으로 자신의 감상을 말하거나 또는 자신의 취미를 표현하기도 한다. 시나 회화, 건축에도 이런 식의 나쁜 취미가 보통사람들에게까지 널리 퍼져 있다." – 험프리 렙턴(Humphry Repton, 1805)

공원디자인에 있어 취향은 좋아하는 것이 야생상태의 자연이든지 관리된 자연이든지, 혹은 꽃시계(16C Florentine)에 만들어진 여러가지 모양을 한 파초의 화단에서 유래하든지, 켄우드의 삼림이든지 간에 심리적인 이유로 인해 주관적일 것이다. 그러나 하나의 절대적인 원칙은 기능과 디자인 사이에 분열이 있어서는 안된다는 것이다.

영국의 조경가이며 정원예술가인 마담 실비아 크로우(Sylvia Crowe)의 주장과 같이 '우리의 환경이 초라한 원인은 미(美)를 우리의 생활과 분리시켜 생각하는 경향에 있으며 아름다움을 필수불가결한 것이 아니라 무언가 특별한 기회를 즐기기 위한 장식으로 보는 경향'이 문제인 것이다.

텔레비전, 특히 매일 방송되는 「역습」같은 프로그램은 사람들의 심미안의 수준을 변화시키는데 도움이 될지도 모른다. 그것은 마치 라디오나 야외 콘서트로 인해 음악의 독특한 분위기를 없애는 데 도움을 주었던 것과 같은 이유다. 그래서 텔레비전은 당연히 이상적인 매체라 할 수 있다. 이러한 프로그램은 지방당국으로 하여금 심한 비평과 칭찬의 말에 민감하고 동시에 일반 사람들의 생활환경에 대한 관심을 높일 수도 있다. 먼저 공원 내의 경고문에 대해서 말하자면 여기에는 워보이즈(Worboys)위원회[1]가 교통표지판에 도입한 것과 같은 혁신적인 내용이 필요하다. 즉 경고문은 가능한 한 없애고 대신 그림과 간단한 문안으로 대신하는 것이 좋다. 공원은 지나치게 디자인된 것처럼 보이는 것이 많고 또 실제 그런 것이 많다. 「비공식의 유희시설」이라는 표시는 단지 초지라는 의미가 없다면 가볍게 몸을 움츠릴 것이다. 공원의 관리자는 통상 공원 운영 면에서의 관리 능력을 가진 사람이지 디자인 전문가는 아니다. 그러나 이 두 분야의 접근방식과 기술은 보통 생각하는 것 이상으로 중복되는 면이 있다. 잔디밭이 손상된다든지, 쓰레기가 가득 찬다든지 하는 것은 디자인 면에서의 실패를 나타내는 증거이다. 공원 내에서의 사람들의 이동, 이용자, 이용밀도 등의 연구는 조경에 있어 빠뜨릴 수 없는 것

1 워보이스 커미티(Worboys Committee)라 불리는 이 위원회는 영국정부에 의해 1963년 7월 영국의 모든 도로 표지판을 재검토하기 위해 만들어진 특별 위원회였다.

이다. 이러한 조사를 소홀히 하면 공원 내의 잔디가 상하고 진흙탕으로 변하는 것은 명백하다.

사람들이 공원도로에서 잔디에 들어가는 것을 막기 위해 설치한 울타리를 수리하기 위해 공원의 관리소는 많은 경비를 지출하고 있다. 그렇지만 기본적으로 잘못된 것은 공원도로의 위치이며 잔디를 보호하기 위해서는 공원도로 자체를 이동시켜야 할 것이다. 또 가능한 한 많은 사람들의 눈에 거슬리지 않고 그들을 수용할 수 있는 공원을 조성하려면 디자인 단계에서 그 지역의 미기후적 특징도 고려해야 한다.

예를 들면 바람과 일조는 공원의 여러 부분이나 유락시설이 어떻게 이용될지를 결정하는 중요한 요소이다. 이것과 마찬가지로 중요한 것은 조경가를 처음부터 채용하는 것이 바람직하며, 나중에 찾는 일이 없어야 한다.

또, 식재는 디자인의 중요한 부분이므로 나중에 장식으로서 이용되어서는 안된다. 이사무 노구치(Isamu Noguchi)는 자신의 작품과 정원에 대해 다음과 같이 말했다.

> "나로서는 그 일은 장식이 아니다. 나는 장식을 좋아하지 않는다. 나의 일은 공간의 창조이지 공간을 어수선하게 하는 것은 아니다."

이 접근법의 중요성은 매우 드물게 평가되고 있지만 정열만큼이나 제어도 중요한 것이 사실이다. 예를 들면 요크(York)시와 관계있는 어셔(Esher)의 보고에 따르면 "시 당국이 칭찬 받을 가치가 있는 것은 세인트 헬렌광장(St. Helen's square)을 꽃으로 매우 아름답게 장식했을 뿐만 아니라 박물관 정원의 조용하고 로맨틱한 환경을 어수선하게 장식하려 하지 않았다"라고 말했다.

한편 바스(Bath)시에 관한 부챠만(Buchaman)의 보고는 다음과 같다.

> "페레이드가든(Parade Garden)은 조경디자인이 형편없어 헛수고가 되고 말았다. 식수나 화단을 만드는데 대한 정열이 각각의 공간이 가진 기능상의 필요성과 환경에 대한 실제의 고려를 대신 할 수는 없다. 예를 들면 오렌지 그로브(Orange Grove)의 잔디가 깔려

진 원형광장에는 작업이 까다로운 키작은 침엽수와 화단이 있지만 그것들은 주위의 환경과 서로 어울리지 않는 느낌을 받는다. 뷰포트스퀘어(Beaufort Square)의 잔디밭은 건물의 장식을 목적으로 조성되어 사람이 접근하기에는 오히려 이상하고 서먹서먹한 느낌을 준다."

성공적인 공원이 취하는 형태는 분명히 무한하다고 말할 수 있다. 단 계획을 성공시키는 조건으로서는 지루하지 않고 전체적으로 보아서 기능적이어야 한다. 더욱이 피해야 할 것은 장식된 것, 예를 들면 꽃이 핀 관목으로서 초지나 언덕을 아름답게 보이도록 하는 것이다. 자연의 풍경을 좋아하는 사람도 있으며, 손질이 세세한 곳까지 미치는 정원을 좋아하는 사람도 있다. 어린이들에 있어서는 무엇보다도 멋진 모래밭이 하나 있다면 다른 어떤 인공적인 놀이터보다도 더 좋을 것이다.

뜨릴뤼(Tuileries), 아랑후에즈(Aranjuez), 또는 햄턴코트(Hampton Court) 등은 형태적으로 보아 조경 식재에 있어 주목할 만한 고전적 조경스타일의 예라고 말할 수 있을 것이다. 그리니치(Greenwich)공원은 현재 옛날의 르 노트르(Le Notre)가 계획한 그대로의 모습으로 복원되고 있다. 여기에는 나무들을 거대한 계단으로 배합한 푸르름의 폭포(이것은 당시 끝내 완성을 보지 못한 것이다)도 포함하고 있다. 르 노트르는 현지를 한 번도 방문하지 않았고 전해지는 바에 따르면 그는 그곳이 언덕이었다는 것을 몰랐다고 한다. 또, 북아일랜드(Northern Ireland)의 아트림(Artrim)에 위치한 마세린(Massereene)공원은 17세기 당시의 모습으로 되돌아가기 시작하고, 뉴욕의 센트럴파크도 가능한 한 19세기의 원형대로 복원되어 가고 있다. 한편, 이것과는 대조적으로 윌리엄 켄트(William Kent)의 작품인 런던의 그로브너광장(Grosvenor Square)에 루즈벨트(Roosevelt)대통령의 기념비를 세우기 위해 60그루 이상의 좋은 나무를 베어내고 말았다. 지금도 애석한 것은 이 곳이 정서라고는 찾아볼 수 없는 도시공원과 비슷한 모습을 보이고 있다는 것이다.

지상의 낙원은 조용하고 안정된 분위기의 작은 장소도 될 수 있으며 비엔아 프래터(Vienna의 Prater)공원, 뉴욕의 인우드힐(Inwood Hill), 포트 트라이언공원(Fort

▲ 햄스테드생태공원(Hamstead Heath)

(자료: *Wikipedia* 사전에서, 역자)

Tryon Park) 또는 런던의 햄스테드생태공원(Hampstead Heath) 등과 같이 자연경관을 가진 곳도 될 수 있다.

알렉산드 포프(Alexander Pope)가 1713년 가디안(Guardian)신문에서 주장한 것처럼 '어패런트(Apparent)'라고 한 것은 이런 공원이 일반적으로 말해서 관목과 교목이 자연 그대로 아무렇게나 성장하고 완성되었다는 것은 아니기 때문이다. 실제 이런 공원들은 전형적인 공원보다 더 주의 깊게 디자인되었고, 꼼꼼하게 손질이 되고 있다.

예를 들면 18세기 영국의 정원예술가 헨리 와이즈(Henry Wise)가 블렌하임(Blenheim)공원에 조성했던 수림이 전쟁 시 군대의 배치 모양을 재현하고 있다는 전설을 뒷받침할 만한 증거는 없지만 혁명적인 영국식 공원 디자이너들은 계획적으로 자연의 순수함을 창조하고 관리함으로서 사람들이 전원을 걸어 다니는 즐거움과 가슴 떨림을 공원 내에 집중적으로 창출하려고 노력했다. 그러나 그것이 고전적 디자인의 일부로서 형성되지 않았다면 보기에 매우 애처롭다는 느낌이 들 것이다. 왜냐하면 매우 대칭적이고 의식적으로 배열된 화단에서의 엄격히 억제된 디자인, 그리고 수목은 소위 전정이라는 것에 의해 나뭇가지들이 마구 잘려져 볼수록 비참한 모습으로 변해 가고 있기 때문이다.

몇몇의 관리원들 중에는 도로를 청소하듯이 도시공원을 관리하기 때문에 공원에서 안락감과 예전의 목가적 분위기가 완전히 없어져 한때 프랑스 파리의 도시공원에 대해서 '공원을 경비하는 안전경찰은 낙엽이 지면에 닿을 여유를 주지 않고 그것을 체포해 버린다'는 놀림 섞인 이야기를 들어야만 했다. 현재의 몇몇 도시공원은 새가 살기에도 너무 질서 정연한 느낌을 준다.

공원의 설계에 있어서 계획에 유연성을 가지고 가능한 한 장래의 변화에 대응할 수 있도록 하는 것이 좋다. 현재의 조사에 기초를 두고 계획된 것이라 할지라도 장래에는 마지노선(Maginot Line)[2]과 같은 운명이 될 가능성이 있기 때문이다. 모든 나라에서 대중을 위해 예전에 계획된 공원이 오늘날 이용자들의 요구나 인구증가와 같은 변화에 제대로 대처를 못한 사례가 발견된다. 도시공원이 본격적으로 등장하던 19세기 서구 사회는 인생과 그 인생을 잘 보내는 방법에 있어서 자신감을 가지고 가치판단을 내리던 시대였다.

느낌이 좋지 않은 많은 공원 중에는 가부장적(Paternalism)인 빅토리아시대의 산물인 것이 그 원인인 경우가 많다. 이 시대에 사는 우리들이 볼 때 그 시대는 훌륭한 디자인의 혜택을 받지 못하던 시대였다. 예를 들면 당시 만들어졌던 마름모꼴의 베고니아(Begonia)화단 중앙을 통해 양쪽이 울타리로 둘러싸인 자갈로 덮힌 공원도로는 오늘날의 우리들에게 매력적이라고 말하기는 어렵다.

2 제1차 세계 대전 후에, 프랑스가 대(對)독일 방어선으로 국경에 구축한 요새선. 1927년에 당시의 육군 장관 마지노(Maginot, A.)가 건의하여 1936년에 완성하였으나, 1940년 5월 독일이 이 방어선을 우회하여 벨기에를 침공함으로써 쓸모없게 되었다. '최후 방어선'의 뜻으로 쓴다(네이버 사전에서).

어느 영국의 공원 관련 직원은 '몇몇 공원직원들은 요즈음 공원이용자들의 요구에 부응하기 위해 빅토리아식 공원 스타일을 어떻게 새롭게 재편할지 고민하면서 공원에 화단 만들기에만 분주하다'고 지적한다. 그러나 오늘날의 급격한 변화에 대처하기 위한 다양한 기회들을 생각해보면 과거의 공원디자이너들에게는 선망의 대상일 수도 있겠으나 그 당시 공원을 조성한다는 의미는 후대 사람들에 대한 자선사업이었으며 신념의 문제였다.

조경가 브라운(R. Brown)과 렙턴(H. Repton)이 양동이와 짐수레를 가지고서 몇 년이 걸렸던 일들을 현재는 기계를 사용하여 일주일 만에 가능하게 되었다. 그러나 그 두 사람이 짧은 세월 내에 어느 정도의 일을 성취했는가를 보면 때로는 그 과정에 있어서 마을 전체를 이동시켜야만 했던 일도 있었다. 그래서 대부분은 스케치북을 든 그들이 마을에 도착하면 마을 주민들은 그들을 환영하지는 않았을 것이다. 오늘날 우리가 부족한 것은 상상력과 열정인 것이 분명하다.

일반적으로 말해서 예술가의 디자인이 공원의 조성에 사용된 케이스는 놀랄 만큼 적다. 그러나 예외적으로 공원 내의 꽃시계와 꽃으로 만든 표어들과 같이 변형된 지역의 민속예술의 형태 혹은 스페인(Spain) 바르셀로나의 건축가 가우디(Gaudi)[3]의 작품인 구엘공원(Guell Park), 그리고 브라질의 화가이자 조경가인 벌 막스(Burle Marx)[4]의 입체주의적 색채가 진한 작품 등이 공원조성에 사용되었다.

3 스페인을 대표하는 천재 건축가 안토니오 가우디는 바르셀로나를 중심으로 독특한 건축물을 많이 남겼다. 그의 건축물은 주로 자연에서 영감을 얻은 곡선으로 이루어져 있으며, 섬세하고 강렬한 색상의 장식이 주를 이룬다. 대표작인 사그라다 파밀리아 성당은 유럽에게 가장 유명한 건축물 중 하나로, 가우디는 1884년부터 건축 책임을 맡으면서 설계와 건축 작업에 전 재산을 바쳤으며, 1852년생인 그는 1926년 죽을 때까지 공사 현장에서 생활하였다. 이 외에도 구엘공원, 카사 바트요, 카사 밀라 등은 바르셀로나에 있는 가우디의 대표적인 건축물이다[자료: 네이버 지식백과 가우디-스페인 건축의 대가(스페인에서 보물찾기, 2007, 아이세움).

4 브라질 상파울로에서 1909년 태어나 어렸을 때부터 쉽게 예술과 접할 수 있는 기회를 가졌다. 브라질의 국립미술학교와 베를린 예술학부를 다녔으며 베를린 유학 당시 'Dahlem Botanic Garden'을 방문한 것이 그가 조경에 관심을 두는 계기가 되었다. 건축과 조경에 대한 전문적 교육이 부족한 그는 순수예술에 대한 집념으로 문제에 접근하고자 했으며 조경설계를 식물로 그린 그림으로 표현하였다. 화가 겸 조경가, 성악가이기도 한 벌막스의 작품들은 초현실주의풍의 극단적인 곡선적·유기적 형태가 주조를 이루고 있다. 근대회화의 평면적, 추상적 특징을 그대로 조경작품에 적용하여 '식물로 그린 그림'이나 대지 위의 '거대한 추상화'와도 같은 작품들을 제작하였다. 식물에 대한 깊은 생태학적 지식을 바탕으로 남국(브라질)의 환상적 열기를 원색조의 식재패턴으로 표현하였다(자료: http://blog.naver.com/younrake?Redirect=Log&logNo=1568478).

막스의 경우 식물과 현대 건축을 조화시키려고 시도한 많지 않은 조경디자이너 중 한 사람이다. 그의 주요 설계 작품들은 카라카스(Caracas)와 브라질리아(Brasilia)에서 볼 수가 있다. 오늘날에는 새로운 공원을 조성할 때 설계경기가 열리는 경우가 점차 많아지고 있다. 이것은 무명의 재능있는 신인에게 있어서는 좋은 기회이지만 문제는 참가비용이 비싸다는 것이다. 예를 들면 최근 무어 타운(Moor Town), 뉴캐슬(New castle) 또는, 에버튼(Everton Park)의 설계 경기에서 3번 모두 우승한 데릭 러브조이(Derek Lovejoy)에 의하면 1회 참가비용이 무려 약 2,000파운드 정도 된다고 한다. 또, 심사위원의 구성에 의해서 전부가 결정되는 경우가 있을 수 있다. 위원회에 의해서 심사가 행해지는 경우 위원들의 마음에 들도록 하기 위해 지나치게 많은 공원 계획을 세우게 하는 우려가 항상 존재 한다. 이용자들에게 모든 것을 즐길 수 있도록 하고 지나치게 많은 요소를 더하여 질이 전혀 다른 것들을 좁은 곳에 가득 채우게 하는 것은 큰 잘못이다.

런던의 리젠트파크는 이러한 실패의 전형적인 예이다. 이와는 반대로 노팅엄(Nottingham)의 월라튼공원(Wollaton Park)에서는 설계의 주요소를 연못에 두고 있다. 이 공원에서 그 외에 눈에 들어오는 것은 사슴과 동백나무를 감상할 수 있게 만든 건물 그것 이상 새로운 무엇인가를 어수선한 모양으로 첨가하지 않았으며 그리고 시야에서 사라졌던 매우 훌륭한 모험용 위락시설과 골프코스를 안으로 끌어들인 것 등이다. 공원 이용자들의 다양한 요구를 충족시킬 마땅한 대안이 없을 경우에 가장 좋은 계획은 이용이 많은 공간과 시설물 등은 공원 주변의 도로에 면한 부분에 배치하도록 디자인하는 것이다, 그렇게 하면 그 공간들이 이용자들의 과도한 이용을 막아주는 여과기로서의 역할을 하여 공원의 중심지역으로는 걸어서 접근해야 하기 때문에 그 곳을 자연지대로 남겨둘 수가 있다. 이 방법은 미국의 국립공원을 계획할 당시의 기본 방침이 되었다. 예를 들면 옐로우스톤(Yellowstone) 국립공원은 매년 수 백만 명의 사람들이 방문하지만 이런 방식으로 차량의 흐름을 유인하도록 계획하여 그 지역에서 사라졌던 비버(beavers)들이 공원 내에서 다시 모습을 드러내었고 주 야영지에서 100야드(약 91미터) 이내의 장소에 비버들이 은

▲ 월라튼공원(Wollaton Park)의 연못과 펄스다리

(자료: Wikipedia 사전에서, 역자)

신처를 만들었다.

하이게이트(Highgate)의 워털루공원(Waterlow Park)은 대 혼잡에 대한 원칙을 예외적으로 가지고 있다. 이곳에는 이 공원이 감당할 수 있는 4배에 이르는 다양한 시설물을 가지고 있지만 지면의 심한 기복의 도움을 빌어서 그것을 잘 조화시키는 데 성공했다. 이 공원은 평면으로 보면 대단히 좁은 장소처럼 보인다. 그러나 이곳은 던펌린(Denfermline)의 피튼크라이프공원(Pittencrieff Park)처럼 수직적인 면을 최대한으로 이용하여 한정된 부지에서 이 곳만의 특성을 최대로 활용한 좋은 예이다. 그러나 이러한 비법은 종종 쉽게 잊어버리는 경향이 있다. 또 공원의 작은 언덕의 매끄러운 곡선은 도시 풍경을 형성하는 건축물의 직선과 신선한 대조를 이룬다.

그리고 기복이 많은 지형은 공원에 놀라움과 신비감을 연출하는데 필수적인

▲ 스코트랜드의 피튼크라이프공원(Pittencrieff Park)5
(자료: *Wikipedia* 사전에서, 역자)

요소다. 예를 들면 런던의 프림로즈 힐(Primrose Hill)과 시 남쪽의 엡섬(Epsom)에 있는 넌서치공원(Nonsuch Park)은 시가지의 가운데에 위치함에도 불구하고 끝이 없는 넓은 전원지대라는 환상을 만드는데 성공했다. 이에 반해, 클래펌 크로스(Clapham Cross)의 삼각형의 잔디밭 등은 시각적으로 전혀 흥미가 없는 곳이다. 이 곳에 작은 언덕이나 제방을 쌓아 적어도 자동차는 보이지 않게 변형시킬 수 있었다. 피츠로이광장(Fitzory Square)같이 전체를 접시와 같은 웅덩이(hollow)로 만든다는 계획은 사생활이 침해되기 때문에 실패했다. 그러므로 주위가 높은 빌딩으로 둘러싸여 있는 경우에 있어서 유일한 방법은 지형을 조작하여 언덕을 조성하는 것이 좋다.

서 베를린과 리버풀에는 이렇게 만들어진 언덕의 한 면이 암벽 등반 연습에

5 이 공원은 스코틀랜드출신 미국의 부호 카네기가 이 곳 던펌린의 주민을 위하여 기부한 땅에 만들어진 76에이커 규모의 도시공원입니다. 이곳에는 children's play, animal centre, greenhouses, woodland walks, 그리고 skating areas 등과 같은 레크리에이션 시설들이 있습니다. 이 곳에는 카네기의 동상도 볼 수가 있고 멋진 Pittencrieff House Museum도 보실 수 있습니다(자료: Wikipedia 사전에서).

사용되고 있다. 그리고 경사면 쪽에는 폭포를 만들 수 있고, 어린이들의 스키용 슬로프와 미끄럼틀로써 사용하고 있다.

공원으로 조성되고 있는 예전의 채석장은 애리조나에서 볼 수 있는 달의 경관에 버금가는 극적인 정경을 연출한다.

▲ 도시속의 야생경관-리치몬드(Richmond)공원의 승마

그러나 불도저가 대세인 오늘날에는 인공적인 지형을 어느 곳에서나 쉽게 만들어 낼 수가 있다. 호수와 언덕은 예전에 렙턴이 인식하고 있었던 것처럼 간단한 공사로 조성할 수 있다.

독일의 브란니츠공원(Branitz Park)에서는 1855~63년에 걸쳐 매우 훌륭한 풍경의 조각품인 피라미드형 잔디 언덕과 연못의 풍경을 만들었다. 한편 실용적인 동기로 인해 만들어진 것으로는 런던에 있는 기네스맥주 공장 근처에 위치한 로열파크(Royal park)가 있다. 지하도를 팔 때의 흙을 쌓아 올려서 2개의 언덕을 만들었는데 이 언덕에 의해서 억누르는 것처럼 보이는 철도의 조망이 은폐되고 하늘을 배경으로 솟아있는 잔디의 윤곽선이 무한하게 확장되는 녹음을 생각하게 한다. 좋은 공원을 조성하는 것은 이용자들에게 독창성과 특징을 부여하는 것에 더하여 주위의 윤곽선을 숨기고 그 공원의 신비감이 한 눈에 전부 보이지 않도록 하는 것이 필요하다.

▲ 워털루공원(영국의 하이게이트). 수목이나 토지의 고저에 의해서 다양한 목적으로 사용할 수 있다.

“(공원)부지의 넓이는 우리가 일반적으로 생각하는 만큼 큰 영향력을 가지고 있지 않다는 말은 부지가 넓든지 혹은 좁든지 조경의 기본원칙의 하나는 실제의 경계를 숨기는 데 있다.”라고 험프리 렙턴은 말하고 있다. 고층빌딩은 이 원칙과는 반대로 한정된 경계를 자세히 보여 줌으로서 공원의 가운데를 그것도 개인의 사생활을 들여다볼 수 있는 위치에 서게 된다. 리버풀의 몇몇 공원은 지평선상의 웰시 힐즈(Welsh Hills)까지 막힘이 없이 넓게 펴져있는 것 같은 환상적인 느낌을 표현하고 있다.

▲ 굴착한 홈에 의한 경관-기네스 공장, 왕립공원(Park Royal), 런던. 제프리 젤리코(Geoffrey Jellicoe) 설계

잘 계획된 공원은 아담한 모양을 한 공간 속에 다양한 연속성을 포함한다. 그곳을 방문한 사람들에게 그러한 전개는 바로 놀라움의 연속이고, 그가 상상한 것보다도 훨씬 넓고, 변화가 풍부한 전원풍경을 즐길 수 있다는 느낌을 갖게 해준다. 많은 대학도시들과 대성당이 있는 도회지의 미묘한 매력의 하나는 건물에 둘러싸인 딱딱한 공간과 부드러운 공간이 연속적으로 연결된다는 점이다.

이와 같이 계획이 잘 된 공원에는 몇 번을 방문해도 공원의 안에서나 바깥에서나 언덕과 수목이 잘 조화된 늘 예상 밖의 신선한 경치를 마주하게 된다.

제프리 젤리코(Geoffrey Jellicoe)는 그의 이상에 대하여 '상상 속에서 공간을 창조하고 확장하는 것이다. 이것은 복잡한 거리에서 사람들을 해방시키는 데 정말 중요하다. 그런데 여기에는 빠뜨릴 수 없는 3가지 요소가 있다. 그 첫째가 신비감을 창출하고, 경계선을 충분히 숨길 수 있는 복잡한 수림(trees)이고, 둘째는 공원이 사방을 향해서 하늘까지 이어져 있다는 감각(sense)이고, 셋째는 하늘과 지면을 연결할 수 있는 크기를 가진 수면(water)이다.' 한편 담 등의 칸막이는 아담한 느낌의 공간을 창출하는 역할을 할 수도 있고, 또한 도로를 달리는 차의 모습도 숨겨줄 수 있지만 공원의 시계와 자유로움이라는 것을 생각하면 울타리나 담 등은 최소화 해야 한다.

울타리는 몽쇼공원(Parc de Monceau)과 같이 그것이 아름다운 경우에도 마찬가지다. 하하(ha-ha) 수법이나 도랑으로 된 경계가 가장 좋다.

▲ 몽쇼(Monceau) 공원의 아름다운 울타리

(자료: *Wikipedia* 사전에서, 역자)

캐틀 그리드(cattle-grids)[6]는 일반 대문보다는 좀 눈에 잘 띠기 때문에 담장이 꼭 필요한 경우에는 런던의 서쪽에 위치한 러니미드(Runnymede) 초원처럼 도랑의 가운데로 들어가서 사람들 눈높이보다는 낮게 설치하는 게 좋다. 이것에 비해 하이드파크 남동부지역은 가슴 높이의 창살담장으로 인해 엉망이 되어버렸다. 한편 연못(호수)에는 울타리가 별로 필요로 하지 않음에도 왜 세인트 제임스파크 연못에는 주위를 돌아가며 성가신 울타리를 설치한 것일까?

파리의 공원은 특별하게도 발목 높이로 깔려진 철사 울타리의 바깥은 독특하게 나무의 울타리와 비슷한 콘크리트 모조품으로 전원적인 분위기를 내고 있다. 스위스의 바즐(Basle)에 만들어진 현대식 동물원은 우리 주변에 울타리를 설치하지

6 자동차는 지나가도 소나 양은 못 지나가게 도로에 구덩이를 파고 그 위에 쳐 놓은 쇠막대기 판.

않고 둘레를 수로로 대치함으로써 상당히 멋있게 보인다. 동물원에 우리를 설치하여 구경꾼인 인간과 동물을 구별하여 인간의 특별함을 강조하는 것은 더 이상 불필요하다. 동물들의 위협으로부터 인간을 보호하기 위해 만들어진 우리는 더 이상 필요 없다. 이러한 목적을 위해 개선된 우리의 좋은 예를 우리는 알버트(Albert)기념관의 뒤쪽에 있는 런던의 센트럴파크라고 불리는 대공원에서 볼 수 있다. 하이드파크와 켄싱턴가든의 경계는 지금은 매워지고 울타리가 만들어졌지만 예전에는 도랑(Sunken fence)과 하하(ha-ha)수법의 도랑이었다. 그런데 왜 그 울타리가 필요한지 이해가 잘 안 된다. 만약 그 울타리를 없애버린다면 매번 울타리 장식에 드는 페인트 비용도 절감할 수 있고, 만약에 공원중앙을 관통하는 도로를 절토해서 낮추거나 우회시켜 그 모양을 변형시킨다면 켄싱턴(Kensington)에서 메이페어(Mayfair)까지 막힘이 없는 트인 공원정경이 제공되었을 것이다. 햄스테드히스생태공원에 갈 때면 공원입구가 가까워짐에 따라 갑작스럽게 넓어지는 전원 풍경에 모두들 놀라곤 하지만 만약 공원의 경계에 울타리가 있었다면 그 소중한 전원풍경은 엉망이 되고 말았을 것이다. 강한 대조는 도시의 삶에 풍미를 더 해준다. 예를 들어 도시공원에서 여우의 갑작스런 등장은 계획자가 원래 계획에서는 제공할 수 없는 도시풍경에 한 요소를 첨가하는 것이다. 영국남부 햄프셔(Hampshire)지역 앤도버(Andover)에 계획된 새로운 오픈스페이스에는 울타리가 설치되지 않아 흐뭇하다. 맨체스터(Manchester)시는 울타리의 페인트칠과 수리에 매년 1만 파운드를 쓰고 있지만 이는 무모한 짓이다. 전쟁은 공원과 광장을 담장으로부터 해방시켰다. 왜냐하면 보기 흉한 철책의 대부분이 전쟁에 사용하기 위해 제거되었기 때문이다.

유감스럽게도 건설성은 최근 하이드파크(Hyde Park)를 둘러싸고 있는 공원울타리의 복구에 5만 파운드 이상의 비용을 낭비했다고 한다. 1858년 8월 2일에 파머스턴(Palmerston)경은 의회에서 다음과 같이 발언을 했다. "건설국장은 공원에서 저 보기 싫은 철제 장애물을 언제쯤 제거할 의사가 있는가? 저 철제 장애물은 공원의 미관을 손상시킬 뿐만 아니라 런던 시민이 공원에서 자유롭게 즐기는 것을 방해하고 있는 것이다. 공원은 결국 공공의 레크리에이션을 위해서 존재하기 때문에 공금으로 관리되어야 한다."고 주장했다. 그는 이어서 "전 건설국장은 작년 봄에 울타리를 제거한다고 약속했었는데 아직 그대로 남아있다. 울타리는 시간이 경과함에 따라 철에 녹이 슬어 없어질 때까지 그 자리에 남아 있을 것이다. 그 사이에 사람들은 건강을 유지하고 즐거운 생활을 보내기 위해 필수적인 그들의 공원에서 자유로이 산책할 수 있는 권리를 박탈당하고 있다."고 말했다.

▲ 알함브라궁전의 다하라의 중정

(자료: 역자 제공)

이에 대해 여당인 보수당의 존 매너(John Manner)경은 필시 이 장애물의 목적은 사람들이 잔디 위로 걸어가는 것을 방지하기 위함이라고 말할 것이다. 그러나 잔디밭에는 그 위를 걷는 것 이외에 다른 어떤 이유가 거기에 존재하는지 파머스턴 경으로서는 이해할 수 없었다. 만약 감상용만의 목적으로 잔디가 유지되었다면 애초부터 잔디광장이 사람들에게 주는 이점이 사라져 버린다. 그래서 그는 "존 매너(John Manner)경께서는 언제부터 런던 시민들에게서 공원의 철(鐵)로 만들어진 장애물로부터 해방시킬 의향이신가요?"라고 질의했다.

현대의 공원디자인에 있어서 가장 중요하다고 생각되는 문제의 해결과 조화의 창출이라는 경우를 제외하고서는 울타리는 거의 사용하지 않는다. 공원을 디자인하는 경우 가능한 한 많은 사람이 타인의 방해를 받지 않고 각자가 좋아하는 것을 즐길 수 있도록 한다는 것을 염두에 두어야 하며 전체와의 조화라는 것을 반드시 고려해야 한다. 뉴욕의 센트럴파크는 몇몇 매우 넓은 장소로 둘러싸여서 친밀한 분위기를 만드는 장소 등과 같은 일련의 여러 가지 영역을 분리하기 위해 지형을 잘 이용했다. 먹는 사람들, 수영하는 사람, 낮잠을 자는 사람, 스윙(Swing) 춤을 추는 사람들, 스포츠맨, 일광욕을 즐기는 무리, 산책하는 사람, 스케이트 타는 사람, 연극 또는 음악을 위한 청중 등과 같이 다양한 사람들을 수용하고 그들의 다양한 욕구를 만족시켜야 된다. 하지만 그 결과로서 공원이 무질서하게 경쟁하는 장소여서는 안 된다. 예를 들면 어린이 놀이터는 디자인할 때 주의를 요한다. 어린이를 위한 놀이터가 아이들에게 인기가 있으려면 일단 좀 너저분해야 하고 즐거움의 징표처럼 소란스러워야 한다. 또한 1976년 완공된 밀톤 케인즈의 CMK(Central Milton Keynes) 조경 책임자였던 조경가 토니 사우다드(Tony Southard)의 말처럼 "공원에는 연속적으로 레크리에이션요소들을 첨가하는 경향이 일반적이다. 그것은 마치 명승지 주위에 아이스크림 매점을 만들고 호텔을 짓는 것처럼 어떤 장소에서 가장 멋진 곳들은 결국에는 우리가 도시의 거리에서 볼 수 있는 평범한 것들에 의해 둘러싸이게 된다. 큰 공원에는 번잡한 활동과 건물을 집중시키는 중심가로를 주변부에 설치할 수 있다. 따라서 공원의 대부분은 조용함이 유지되고 사람들은 한적한 분위기를 즐길 수가 있을 것"이다. 공원의 부지가 좁은 경우도 세심한 계획에 의해 잔디와 제방, 생 울타리, 수목과 물 특히 물은 물이 튀는 소리에 의한 방음효과 및 장애물로서의 역할 등을 동시에 가

▲ 런던의 홀랜드공원

(자료: Wikipedia 사전에서, 역자)

▲ 런던의 홀랜드공원에 있는 농촌풍경의 녹지

지는데, 지형 고저의 변화를 잘 이용하면 상당히 조화가 된 공원으로 만들 수가 있다. 스페인의 알함브라(Alhambra)궁은 복잡하게 보이지 않도록 건물들의 사이에 많은 다른 정원을 교모하게 연결했다.

런던의 홀랜드공원(Holland Park)은 정형식의 정원, 산책용의 수림, 연극과 음악회를 위한 무대 등을 잘 조화시키고 있다. 그리고 시골의 공유지를 연상시키는 수림으로 둘러싸인 빈터가 있고 여기서는 여러 가지 스포츠도 함께 즐길 수 있다.

파리의 뤽상부르정원(Jardin du Luxembourg)에는 아름다운 마로니에 나무숲을 벽으로 이용하여 내부를 여러 가지 형으로 나누었다. 물론 이상적으로 생각해보면 여러 가지 분위기와 활동에 적합한 여러 가지의 다양한 공원을 만들어야 한다. 그러나 이러한 것이 불가능한 경우 가장 효과적이며 중요한 분리대가 될 수 있는 것은 수림과 물이다.

싱가포르(Singapore)의 서쪽의 신도시에 건설 중인 주롱새공원(Jurong Bird Park)에는 아주 독창적인 공간 배치 방법을 보여주고 있다. 이곳에는 레스토랑과 피크닉장소, 새(鳥)공원, 일본정원, 중국정원 등을 물에 의해서 서로 나누어진 섬들 위에 각각의 공간을 하나씩 배치하고 있다.

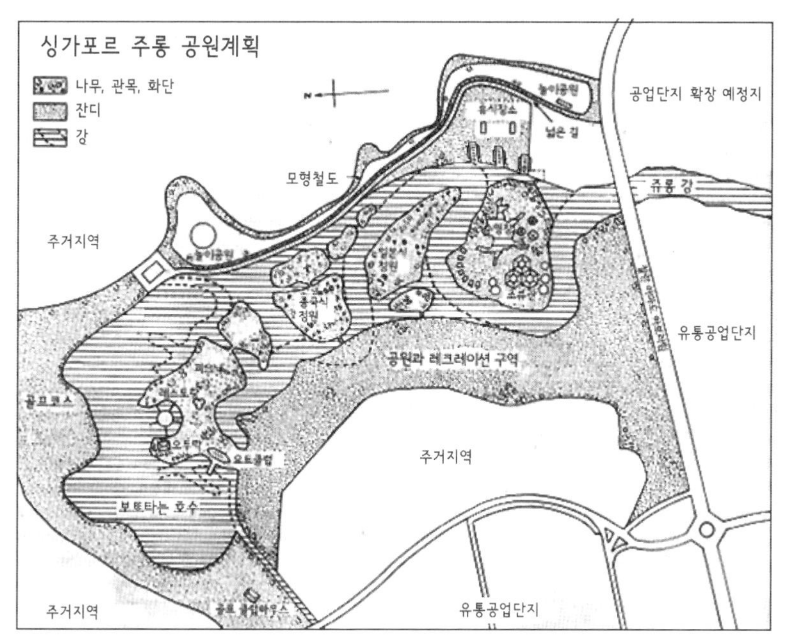

▲ 상상적인 새로운 공원-싱가포르의 주롱 공원 계획

암스테르담의 보스(Bos)는 한마디로 말해서 삼림지대이지만 그 가운데에 우리들을 즐겁게 해주는 것이 많이 포함되어 있으며 그 수는 헤아릴 수 없을 정도로 많다. 2,200에이커(8,903.400㎡)의 간척지에 수백만 그루의 나무를 심었고, 여기에 인공의 수로와 연못으로 변화를 주었다. 수로를 조성할 때 굴착한 흙으로 커다란 언덕을 쌓았고 그 위에는 레스토랑을 세웠다. 그리고 사면은 스키 혹은 썰매(toboggan)놀이에 이용할 수 있게 되어 있다. 그 외에도 이 공원에는 보트 경기장, 수영용 풀, 테니스 코트, 야외극장 등도 갖추었고, 조용한 장소나 자연 보호구역도 있다. 공원 전체에 산책길, 자전거산책코스, 그리고 마차 도로 등이 있지만 이것들은 겹치지 않도록 각각 서로 다르게 구성되어 있다. 현재 이러한 활동이 행해지는 수림은 나무가 격자형으로 심어져 있기 때문에 다소 엄격한 느낌이 든다. 그러나 시간이 지나면서 나무가 자연적으로 성장하고 새롭게 생겨남에 의해서 이 정형적인 모습도 점차적으로 소실되어 갈 것이다.

수림은 여러 가지 환경문제의 다양한 해결책으로서 소홀히 다루어져 왔다. 삼림은 묘지, 화장터, 쓰레기장, 하수처리장, 선로와 (철도의)대피선 등과 같은 모든 장소의 차폐물로서 지금보다 더 많이 이용되어야 할 것이다. 과수원을 도시의 경관에서 종종 우리가 볼 수 있다면 강렬한 인상을 시민들에게 주게 될 것이다. 특히 공놀이를 위주로 하는 운동장 주위에 키큰 나무와 키작은 나무를 식재한다면 훨씬 운동장의 경관이 향상되겠지만 나뭇가지가 자라서 운동장 안으로 침입하지 않도록 조심할 필요가 있다.

런던의 사우스뱅크와 같이 바람이 많이 부는 광장도 적당히 큰 나무를 많이 이식한다면 광장의 모습이 변할 것이다. 이 경우는 특히 석유회사 쉘의 본사가 위치한 고층 빌딩 쉘 하우스(Shell House)가 시각적으로 주는 쇼크를 완화하는 효과도 약간은 있을 것이다. 공원에 심는 나무의 종류를 결정할 경우 우리들은 우리의 상상력을 좀 더 활용하는 것이 좋다. 예를 들면 부다페스트(Budapest)에서와 같이 매우 인상적이었던 개오동나무나 튤립나무, 회화나무, 서양박태기나무, 향기 있는 보리수나무, 오동나무, 주엽나무 등을 공원의 수목으로 이용하는 것은 어떨까?

또 나무를 심는 것은 다음 세대에게 큰 혜택을 줄 것이다. 어느 정도 성장한 나무를 이식하는 방법은 옛날부터 알고 있었으며, 고대 수목의 이식에 관해 기록한 사람들로는 로마의 박물학자 플리니(Pliny), 로마의 철학자 세네카(Seneca) 그리고 아나톨리우스(Anatolius)가 있다. 르 노트르(André Le Nôtre)는 루이(Louis) 14세를 위해 베르사유(Versailles) 정원에 놀랄 만큼 훌륭한 수목의 이식을 행했었다.

일기작가 존 에블린(John Evelyn)은 스튜어트 왕조하의 영국에서 줄기가 허리만큼 굵은 느릅나무의 이식에 성공했다고 기록하고 있다. 찰스 2세 시대에는 왕실 재무담당이었던 피츠하딩(Fitzharding)경이 새로운 이식 방법을 고안했다. 이는 뿌리돌림 즉 나무를 이식을 행하기 1년 전 또는 그 이전에 뿌리를 잘라두는 방법이다. 이 수목의 뿌리돌림은 나중에 브라운이 잘 사용한 것으로 알려져 있다.

▲ 암스테르담의 삼림공원(Bos)

알팽(Alphand)은 불로뉴삼림의 조성을 다시 시행할 때 60피트(18m) 정도의 높이에 이르는 나무를 이식했다고 한다. 최근에는 영국 국영 석탄 산업국이 수압운반기를 개발하여 이식 비용을 감소시켰다. 이 기계는 커다란 활모양으로 굽은 칼날을 가진 트랙터로 이루어졌고 이 날로 나무를 뿌리째 잘라 넘어뜨릴 수 있도록 되어 있다고 한다. 1960년에 단지 80본의 나무를 이식한 것에 비해서 1965년까지 어느 정도 성장한 나무의 이식은 연간 약 2,000본에 이르렀다. 이식하는 대부분의 나무는 나무의 높이가 40피트(12m)를 넘는 것들이었다. 이식에 성공한 나무의 종류를 살펴보면 물푸레나무, 독일가문비, 너도밤나무, 자작나무, 향나무, 벚나무, 느릅나무, 서어나무, 마로니에, 라일락, 보리수나무, 노르웨이단풍, 참나무, 소나무, 포플러, 플라타너스, 마가목, 떡갈나무, 버드나무 등이 있다. 때로는 이식에 드는 비용이 원래의 장소에서 벌채하여 처분하는 경우보다 싸게 드는 경우도 있다. 1957년 런던에서는 처칠의 사위인 던칸 샌디스(Duncan Sandys)에 의해 사람들에게 더 살기 좋은 곳을 제공하기 위해 만들어진 시빅 트러스트(Civic Trust, 2009년 재정문제로 해체)가 높이가 45피트(13m) 되는 성목(成木)을 이식해서 그 중 97%를 뿌리를 내리게 했다.

그 밖에 조경가에게 수목 다음으로 귀중한 재료는 물이다. 단 물이 흐르지 않아 부패한다면 필요 없게 되겠지만 물밑의 진흙 대신에 작은 돌을 깔아서 맑게 정화시켜 흐르게 한다면 유용한 재료가 될 수 있다.

파리의 상 클라우드공원(Parc de St. Cloud), 스페인의 헤네랄리페(Generalife), 이태리(Italy)의 란테장(Villa Lante), 레닌그라드의 에르미타주(Hermitage)에서의 물의 취급은 굉장히 고전적 방법으로 처리된 것이다. 이와는 대조적인 것이 맨해튼의 중심부에 있는 작은 '오아시스'공원이 있다. 이곳은 이전에는 스토크클럽(Stork Club)이라 불리던 나이트클럽이었다. 로버트 자이언(Robert Zion)의 설계에 의해 이곳을 가로 42피트(12.6m), 세로 100피트(30m)의 아주 조그마한 포켓공원인 팰리파크(Paley Park)로 바꾸었다. 공원의 규모가 작아도 높이 20피트(6m)의 폭포에 의해 주위의 교통 소음을 아주 훌륭하게 차단하고 있는데, 참고로 이 폭포의 폭은 한 벽의 길이와 같다.

로마 혹은 아우구스부르크(Augsburg)를 방문한 사람이면 누구나 동감하겠지만 영국과 미국에서는 분수가 있는 광장과 공원이 적으나 현재 있는 것으로도 아주 아름답게 할 수도 있다는 것이다. 최근 채무위원회가 런던의 세인트 제임스공원에 한 쌍의 새로운 분수의 조성을 허락을 했는데 그 이유는 분수의 에어레이션(a-eration)효과에 의해서 수중의 산소량을 증가시키기 때문이라 한다.

이 공기정화법의 효과로 인해 영국공원의 잔디나 나뭇잎, 수면을 덮고 있던 좋지 않던 막이 제거됐기 때문에 시민들이 공원을 이용하는 즐거움도 증대했다. 1인당 3실링의 비용으로 런던 중심부의 12월 일조율은 70% 정도로 상승했었다. 1968년 런던의 매연 농도는 12년 전 이법이 통과하기 전의 2/3수준인 1㎥ 당 55㎍(마이

크로그램)이었다.

대기 중 이산화황 함유량은 1957년보다 40% 감소했다. 런던에는 매일 약 1,000톤의 이산화황이 배출되고 있다는 것을 잊어서는 안 된다. 그리고 뉴욕에도 현재 3,200톤의 이산화황, 280톤의 분진 4,200톤의 일산화탄소가 거리로 쏟아지고 있다. 또 런던의 70% 지역이 공기청정법의 혜택을 받고 있는 것에 비해 영국 북부지방 도시지역의 25% 이하가 아직 그 법의 혜택을 받지 못하고 있다. 스웨덴에서는 기업가가 자신이 경영하는 공장이 환경을 오염시키지 않는다는 것을 증명할 책임이 있으며 또한 이 나라는 대기와 수질의 청정도에 관한 국제적 기준을 만들어야 한다고 제안하고 있다.

디자인의 주의 깊은 세심한 배려가 전체에 대한 인상의 성패를 좌우한다.

특히 이러한 인상은 조명(照明)의 이용에 있어서 잘 적용될 수 있다. 조명의 경우 특히 파리와 로마가 아주 멋있다. 로마는 반사광의 이용은 정말 훌륭하며, 파리의 아비뇽공원(Avignon's Park)에서는 그 곳 대나무 숲과 절묘하게 잘 조화된 숨겨진 내부의 빛을 볼 수 있다. 런던의 공원에도 상상력을 발휘하여 조명을 설치

▲ 도시에 인접한 주택용지의 섬들은 요트정박지가 있는 공원 지대로 변하고 있다. 캐나다 토론토

▲ 맨해튼에 있는 팰리카프(Paley Park), 폭포가 교통 소음을 저감시킨다. 로버트 자이언(Robert L. Zion) 설계

하면 야간 경관의 모습을 바꿀 수 있을 것이다. 세인트 제임스공원에서도 뒤늦게나마 설치된 조명을 이제는 볼 수가 있다.

질감도 마찬가지로 대단히 중요하다. 뉴욕의 워싱턴광장, 런던의 슬론(Sloane)과 레스터(Leicester)광장과 같이 이용도는 높지만 시각적으로 그다지 볼 것이 없는 곳에는 스페인의 세비야(Seville), 스칸디나비아(Scandinavia)의 몇몇 장소 그리고 일본 등에서처럼 멋진 바닥의 포장에서 장식을 더하는 방법을 채택하면 그 곳의 느낌이 변할 것이다. 바닥에 사용하는 포장석의 모양은 언제까지라도 사라지지 않기 때문이다. 비록 서툰 패턴이 사용되었을지라도 도시공간의 표면은 그것을 둘러싸고 있는 환경만큼 시각적으로 중요하다. 그렇기 때문에 공원 내에서는 가능한 한 자연의 소재에 가까운 재료를 사용해야 한다. 취리히(Zurich)에 있는 호수의 기슭을 따라 굽이도는 수로에 사용된 포장석은 대부분 유럽 도시공원에서 전통적으로 사용된 아스팔트와 난간으로 된 공원도로보다 훨씬 더 보기가 좋다. 적어도 모든 이에게 사랑받는 것은 아마 피터 셰퍼드(Peter Shepheard)가 '죽여주는

(Godwottery)'라고 부른 공원 포장 재료의 도입일 것이다. 이것은 멀리 잉글랜드 남서부의 경치가 아름다운 카츠월즈(Cotswolds)지역과 스페인으로부터 확산된 석회암벽과 스페인스타일 연철이다. 또한 공원에 계단과 경계석이 있으면 신체가 부자연스러운 사람이 이용할 경우 대단히 도움이 된다는 것을 기억해 둘 필요가 있다. 공원은 이용자의 편리에 대한 것은 외관상의 어떠한 측면보다도 중요하다. 비록 두 가지가 모두 서로 밀접한 관련이 있으며 아마 이 주의서는 디자이너나 관리자의 책상 위에 중요사항이라고 표시되어 있을 것이다. 그리고 그러한 계획이 사람들의 즐거움에 대한 봉사자이고 또한 그것을 대신할 수 있는 것은 결코 없다는 것을 디자이너나 관리자들은 깨닫게 될 것이다.

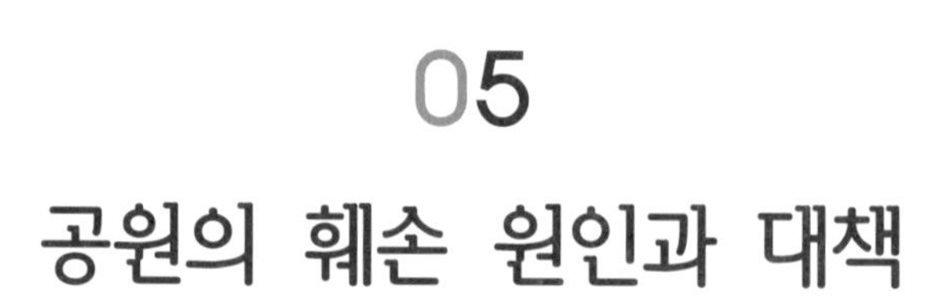

05 공원의 훼손 원인과 대책

공원이 훼손되는 원인의 한 가지는 관리의 태만을 들 수 있으며, 또 다른 한 가지는 공원이용객의 무자비한 이용으로 인한 것이다. 오픈스페이스의 파손은 이용자가 지나치게 많음에서 생기는 난폭한 이용이나, 심한 손실에 의해서 오는 것도 있고, 공원의 위치나 디지인상의 결함에 의한 이용자의 인식부족에 의해서 초래되는 것도 있다. 부주의와 마찬가지로 지나친 열정도 위험하긴 마찬가지다. 예를 들면 세인트 제임스공원에서는 내쉬(Nash)가 만든 낭만적인 풍경은, 작은 울타리나 뒤쪽의 작은 나무들, 그리고 불필요한 작은 화단 등을 설치하는 바람에 그 아름다움을 잃어버리고 말았다. 이와 같이 뛰어난 디자인도 시간이 경과함에 따라 서서히 모습이 손상되어 가는 것이다.

가끔씩 이러한 손실도 다른 것으로 보상 받을 수 있다면 때로는 허용될 수도 있으나 오늘날 혼합경제를 채택하고 있는 국가에서는 상상력이 풍부한 대규모 조경계획은 거의 없다고 말할 수 있다. 새로운 조경계획은 거의 대다수의 경우 몇몇 건설 계획의 실용적인 부속물로써 시행되고 있을 뿐이다. 계획 자체가 조경의 전통에 새로움이 더해져야 한다는 생각도 없어졌다. 오늘날 영국 어디에 켄우드(Kenwood House)나 스타우어헤드(Stourhead)와 필적할 조경작품이 있을까? 그리고 미래 세대를 위해 보리수나무나 느티나무를 심어 수림을 조성한 곳이 어디에 있는가? 개인 소유의 모두 새로운 조경계획에는 관심을 갖지 않고 지방당국은 비용이 걱정되어 옛날에 부유한 지주가 만들었던 조경 공간에 필적할 만한 것을 만드는 것 등은 생각할 수조차 없다. 당국은 납세자의 세금을 낭비했다고 비난 받는 것을 두려워하고 있는 것이다. 지금은 사람들의 이목을 끌거나 오락용 시설물에 큰돈을 투자해야 하는 시대는 아니라는 것이 그들의 견해이다. 좋은 예로 리버풀(Liverpool)시에서 칼더스톤공원(Calderstone Park)의 아주 귀중한 94에이커의 토지를 매입하는데 4만 파운드를 지출했을 때 시민들의 항의 모임이 있을 정도였다. 그리고 영국 남동부 서리(Surrey)주에 있는 부유한 지방자치단체의 경우 매년 수목의 전정 비용으로 12,000파운드를 쏟아 붓고 있으면서 새로운 나무를 심는 데는 고작 1,000파운드 이하의 예산밖에 배당받지 못하고 있는 실정이다. 주민의 말에 따르면 그 결과로 인해 이 마을은 1917년 1차 대전의 격전지였던 벨기에의 이프레(Ypres)지역을 연상하게 한다는 것이다. 한편 미국에는 1971년 현재 조경학과가 개설된 대학이 25개나 있는데 비해 켄트, 브라운, 렙턴, 팩스턴 등과 같은 조경가를 배출한 영국에는 유일하게 1969년에서야 비로소 셰필드대학(University of Sheffield)에 조경학과(Department of Landscape)[1]가 설치되었다. 영국의 조경계획, 예컨대 영국의 고속도로 M1 남쪽의 경관계획과 미국 뉴잉글랜드(New England)지방의 메릿공원도로(Merrit Parkway)의 그것과 비교해보면 누구든지 그 필연적인 결과

1 https://www.sheffield.ac.uk/landscape/history

를 간파하는 것이 가능하다. 어쩌면 오늘날 가장 심각한 문제는 1965년의 '오픈스페이스등록법(Commons Registration Act)'에 등록되지 않은 오픈스페이스가 영국 전역에 수천 에이커가 있으며 앞으로 그것들이 오픈스페이스로서의 지위를 잃어버릴지도 모른다는 사실이다. 공원은 언제나 외부로부터의 공격이나 개발의 위험에 직면해 있다. 예컨대 공원부지가 별로 없는 이스라엘의 텔아비브(Tel-Aviv)에서는 공원의 일부를 호텔에 파는 일까지 벌어지고 말았다.

버밍엄에는 최근 녹지대로 예정되었던 1,540에이커의 토지에 건설 사업의 시행이 결정되었다. 또한 일본 도쿄도 1965년에 녹지대계획 전체를 포기했다. 과거 50년간 센트럴파크에 레저 장소, 공회당, 레스토랑, 신도를 위한 대성당의 건설, 제1차 대전의 베르됭 요새의 복원 등과 같은 다양한 종류의 제안이 모두 실행되는 바람에 846에이커의 공원부지 안에 녹지대는 현재 거의 없다. 이 녹지대도 이미 300에이커의 토지가 꽃과 나무 그리고 바위 이외의 것에 빼앗기고 말았다. 현재 그곳에는 650만 달러 규모의 경찰서가 건설될 계획이며, 그 규모는 유명한 헌팅턴 하트포드 카페 계획(Huntington Hartford Cafe Plan)의 23배 규모이며, 이 계획에 의해 7.5에이커의 토지가 무단 차용된다는 것이다. 이러한 위협에 대해 대중의 감정이 반드시 무기력한 것만은 아니다. 샌프란시스코 시민에 의한 광범위한 반대운동은 골든게이트파크(Golden Gate Park)를 관통하는 고속도로 건설계획을 저지하는 데 성공했다.

1905년에는 15,000명의 민초들이 페컴(Peckham)의 원 트리 힐(One Tree Hil)지역이 골프 클럽의 계획에 포함되는 것을 저지하였다. 또 햄스테드 히스(Hampstead Heath)는 한 위원회의 41년간에 걸친 완고하고 변함없는 캠페인의 성과로 인해 건설 투기매매 계획으로부터 구할 수 있었다. 그러나 현재 런던의 유니언광장(Union Square), 그리고 세인트 조지광장(St George's Square) 등은 여러 가지 개발 계획으로부터의 공격을 받고 있다.

그럼에도 오늘날에는 17세기 영연방(Common Wealth)시대에서와 같은 직접적인 형태의 위험은 드물다. 예를 들면 이 시대에는 런던의 하이드파크(Hyde Park)가

▲ 인간과 주차장. 뉴욕의 롱아일랜드(Long Island)

투기꾼에게 팔려 그들이 입장료를 받았던 적도 있었다. 또 조지 2세(George II)의 부인 캐롤라인(Caroline) 여왕은 켄싱턴가든(Kensington Gardens)을 왕실의 사적 소유를 목적으로 그것을 사들여야 한다는 제안을 했었다. 또한 그녀는 세인트 제임스 공원(St. James's Park)에도 눈독을 들여 수상 로버트 월폴(Robert Walpole) 경에게 공원의 매입에 얼마쯤 드는지 문의했었는데 그는 "여왕님의 그 왕관입니다"라고 응답 했다고 한다. 오늘날 공원을 가장 위협하는 것은 합리적인 도로망 개선 계획이다. 반대가 적지 않았지만 아주 가끔씩 도로는 몇몇 오픈스페이스의 가장자리를 따라 계획되었다. 비용 계산에 있어서는 일반적으로 레크리에이션에 대한 가치와 같은 무형자산은 무시되는 경우가 많다. 이와 같은 가치는 원래부터 돈으로 환산하는 것이 지극히 어렵고 불리한 것은 말할 필요도 없다.

실제적으로는 오래된 건물들에 대한 재개발을 시행하는 것이 세심한 조경계획에 의해 조성된 오픈스페이스를 개조하기보다 간단한 것은 사실이다. 하지만 후자를 고수하기 위해 개발업자와 대항하여 싸워야 하는 조직적적인 (관련)단체는 매우 적다. 이윤을 쫓는 개발업자와 부유한 도로 건설 로비스트는 뭐라 뭐라 해도 영국에서 가장 강력한 힘을 가진 압력단체이다. 비록 공청회가 열린다고 할지라도 오픈스페이스를 이용하는 쪽은 단결력이 부족하다. 그들은 가끔씩 법률가나 계획가 혹은 건축가를 고용하여 그들이 제안하는 안건을 검토하기 위한 재원을 모으기도 한다. 그러나 개발업자는 소송 비용을 세금으로 상쇄시키고, 지방공공단체는 아이러니하게 납세자들의 돈을 사용하여 납세자의 제안을 저지할 뿐만 아니라 지역주민에게는 법적지원을 해주지 않는 상황이다.

글래스고우(Glasgow)에서 계획하는 신 고속도로(New motorway system)건설에 부지의 일부가 이 계획에 포함되는 공원의 수는 14개 이상이나 된다. 그리고 이것에 접하는 고속도로는 25개의 주요한 오픈스페이스를 부분적으로 파괴한다. 이들 오픈스페이스 중에는 그 주변부에 글래스고우에서도 멋지고 볼만한 수목들을 많이 가진 곳도 포함된다. 클라이드 터널(Clyde Tunnel)로 진입하는 북쪽의 도로가 글래스고우의 빅토리아공원(Victoria Park)에 미칠 영향은 분명하며, 우리들에게 강력한 경고를 하고 있다. 또 런던의 이즐링턴구(borough of Islington)의 27%는 이미 아스팔트로 포장되었으며, 스티버니지(Stevenage)에는 대로건설계획에 의해 마을의 심장부에 농장과 작은 시내가 보존되고 있는 페어랜드벨리공원(Fairland Valley Park)이 위협을 받고 있다.

1958년 런던에서 중앙분리대를 가진 자동차 전용도로를 건설하기 위해 하이드파크의 23에이커 이상의 토지가 한 번에 잠식당하고 말았고, 그 사건에 앞서 런던에 소재하는 왕립공원 중 27에이커의 토지가 다른 도로 확장계획에 의해 사라져버리고 말았다. 파리의 주위를 달리는 신 순환도로는 불로뉴삼림의 많은 나무들을 파괴하였다. 비록 뜻밖의 여러 가지 문제의 소지를 가진 도로의 분기점공사를 허가하지 않았음에도 만약 런던의 신 도시외곽순환고속도로의 계획안이 받아들여졌다면, 브록웰공원(Brockwell Park), 세인트조지공원(St George's Park), 투팅벡콤몬(Tooting Bec Common), 미첨과 반스콤몬(Mitcham and Barnes Commons), 해크니숲(Hackney Marsh), 웜우드 스크럽스(Wormwood Scrubs) 그리고 워들공원(Wardle Park)까지 영향을 미치게 되었을 것이다. 더하여 순환 2호선은 런던 남부의 7개의 공원, 11개의 각종경기장과 골프 코스에 영향을 주었다. 어떤 장소에는 순환도로가 묘지를 지나가는 것을 피하기 위해 공원을 파괴하는 것이 허가되고 말았는데 이것이 현재 우리들의 공원에 대한 가치관이 아닐까 생각한다. 그것과는 대조적으로 미국 필라델피아 시민은 델라웨어(Delaware)고속도로를 지하로 통과하게 하고, 그 상부는 공원으로 해야 한다고 주장했다. 하지만 그 자체에도 문제가 있다는 것을 잊어서는 안 된다. 작가인 노라 세이어(Nora Sayre)의 말에 따르면 뉴욕의 이스트 리버 드라이브(East River Drive)통로 위에 있는 핀리공원(Finley Park)을 지날 때 그녀는 수선화 화단 밑에 숨겨진 환기구로부터 화단을 통해 들려오는 택시기사의 욕설을 들었다고 한다.

그리니치공원(Greenwich Park)은 6차선 고속도로건설 계획으로 위협받고 있다. 이 도로는 퀸즈 하우스(Queen's House, 1635년 완공, 현재는 해양 박물관)의 옆을 지나며, 공원과 이 박물관을 분리시키고 있다. 요즘 건설되는 도로는 그 스케일이 매우 다른데 본머스(Bournemouth)시를 관통하는 도로에 계획된 영국식 환상교차로(roundabout) 한개의 면적은 정식 축구경기장 3개의 넓이와 같았다. 어셔(Esher)시에 새로 계획되고 있는 우회도로는 그 공공용지를 완전히 2개로 나누었을 뿐 아니라 50에이커의 토지를 공용지에서 분리시키고 말았다. 이러한 위험에 처해 있는 토지는 거의 모든 곳에 존재한다. 그러나 그 중 유명한 것은 옥스퍼드(Oxford)의 크라이스트처치(Christchurch)의 초지, 퀸스로드(Queen's Road)의 확장 계획에 위협받는 캠브리지

대학 뒤쪽의 백스(Backs)정원, 거기에다 사우스 웨일즈 고속도로건설로 위험에 처한 오스터리공원(Osterley Park)은 도로건설을 반대하는 시민단체 회원들에게 녹지파괴의 심각한 문제가 널리 알려지지 않았다. 아무리 지각없는 지방자치단체라고 해도 공원의 중앙을 횡단하는 새로운 도로를 만드는 것은 불합리한 일인 것은 알 것이다. 그러나 공원을 관통하는 도로의 끝부분을 다른 도로에 접한다는 타협책은 지난 세기에 영국의 철도의 건설이 그렇게 했던 것과 같이 도로라는 장애물을 공원 안에 만들고 그것에 의해 공원을 도시사람들의 삶으로부터 고립시키는 2차적인 피해를 준다. 맨해튼의 사람들은 섬을 둘러싼 고속도로건설로 인해 강변의 아름다움을 즐기기가 쉽지 않다. 현재 런던에는 하이드파크의 밑에 터널을 뚫어 4차선 도로를 건설한다는 대안이 제시되었다. 이것은 공원 내에 도로를 지나게 하는 방법으로는 아주 좋은 계획처럼 보이지만, 만약 터널이 지하 깊은 곳을 지나지 않거나 언덕의 밑으로 도로가 나면 많은 수목들을 훼손하는 결과를 초래할 수 있다.

새 건축물은 두 가지 의미에서 공원을 위협하는데 먼저 시각적인 면에서의 영향을 줄 수 있고, 또 하나는 물리적인 의미에서 공원의 지면을 서서히 침식시킨다. 카디프(Cadiff)시에 부트(Bute)경이 남겨 놓았던 공원에는 공원 관리건물이 계획망을 교묘히 피하여 공원 안에 건설되고 말았다. 이러한 공원에 대한 건축물의 위협에 대한 가장 좋은 예는 런던의 리젠트파크(Regent's Park)다.

존 내쉬(John Nash)는 리젠트파크의 파크타운 안에 56개의 독립주택을 만들고, 현재 퀸 메리즈정원(Queen Mary's Garden)이 차지하고 있는 공원 내부순환도로(Inner Circle) 한가운데에 국립 발할라(Valhalla)[2]궁전을 만든다는 계획을 했으나 실현되지는 않았다. 그러나 그 후 공원의 남측의 안쪽에 (물론 멋진 건축물로 있지만) 건물이 차례차례로 건축되었기 때문에 공원 내에서 건물이 눈에 보이지 않는 장소는 찾아볼 수 없게 되었다. 유보도(Broad Walk)라든가 구 식물학회(Botanical Society) 정원

2 북유럽 신화에서, 오딘을 위해 싸우다가 살해된 전사들이 머무는 궁전. 지붕이 방패로 덮여 있는 아름다운 궁전으로 묘사되어 있다.

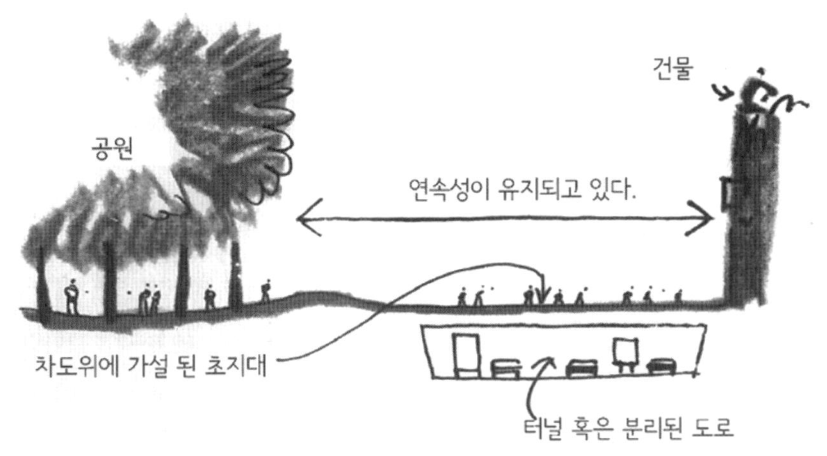

▲ 런던의 파크래인(Park Lane) - 바람직한 공원 내의 차선 처리

등 하나하나의 장소는 아주 훌륭한데 반해 베드포드(Bedford)대학의 확장에 의해 공원은 뜻밖에 내쉬가 원래 품었던 전원도시개념의 비계획적인 모방이 되고 말았다. 버밍엄의 그린벨트에 세워진 콜스 힐(Coleshill)의 거대한 가스공장은 준공 7년 만에 더 이상 쓸모없게 되었다. 여기에서 가장 걱정되는 문제는 녹지가 건축물에 점령당하기 시작하면, 두 번 다시는 원래대로 되돌릴 수 없으며 한번 토지가 손상되고 나면 대규모의 파괴 이외에는 방법이 없기 때문에 공원으로 되돌릴 수 있도록 해야 할 것이다.

임시구조물의 철거는 점차 어렵게 되어가고 있는 실정이다. 예를 들면 제 2차 대전 중 군대가 리치몬드공원(Richmond Park)에서의 숙영을 허가 받았으나 그 임시 막사와 와이어를 철거하고 공원이 다시 일반인에게 개방된 것은 전후 20년이나 지난 뒤의 일이었다. 영국 재무위원회가 건물의 철거비용을 마지못해 승낙했다기보다는 그곳에 새 건물을 짓는다든가 도로를 건설해야 한다는 등의 논의로 그 철거를 정당화 할 수 있는 명분을 찾았던 것이다. 임시적이었지만 그때의 목적은 완수되었고 재정위원회가 이번에는 그 건물의 새로운 이용방법을 모색하고 있었던 것이다. 그 결과 많은 양의 녹지는 끊임없이 감소하고 있다.

가장 멋진 디자인의 비결은 균형에 있으며 이것은 조경에 있어서도 마찬가지다. 20세기 건축물의 크기는 대개의 경우 주위의 조경을 압도했다. 건물이 도시의 전원적 풍경에 미치는 영향을 고려하고, 건축물의 규모나 조화가 지니는 의미는 중요하다. 옴스테드와 복스가 뉴욕의 센트럴파크를 계획할 때 주위의 건물이 눈에 들어오지 않도록 하기 위해 자연물을 배치했다. 하지만 그 자연물도 공원을 둘러싼 건물높이의 상승을 이기지는 못했다. 유사한 예가 런던의 리치몬드(Richmond) 공원에서도 보인다.

로햄튼(Roehampton)의 (우리나라 아파트 구조와 같은) 플랏(Flat)주택 그 자체는 좋았지만 이 플랏주택의 출현은 리치몬드공원을 아주 작은 존재로 위축시켰고, 그곳의 야생 그대로의 고사리 수풀이나 무성했던 키가 큰 풀이 만들어내었던 전원적 분위기는 사라지고 말았다. 로마나 샌프란시스코, 런던, 파리 등 옛 도시의 휴먼 스케일은 그 도시에 사람들이 살기에 가장 좋은 생활환경을 만들었다. 건축물도 디자인이 대단히 우수한 경우에는 오픈스페이스에 대해 긍정적인 역할을 하는 것도 가끔은 있다. 캠브리지대학의 뒤뜰 정원은 건물과 정원이 잘 조화된 예이다. 또 건축물에 환상적인 분위기를 더함과 아울러 오픈스페이스의 현실 도피적 성격과 잘 조화되는 것도 있다. 예를 들면 카디프의 버제스 캐슬(Burges' Castle)이나 세인트 제임스공원으로 향하는 화이트홀 코트(Whitehall Court)의 유명한 실루엣(Silhouette) 그리고 큐가든(Kew Gardens)의 유명한 파고다(pagoda) 등이 있다. 미국 밀워키의 미첼공원은 큐가든의 온실에 버금가는 충만형(Fuller Type) 돔형 온실이 3개나 있다. 그러나 상당수의 공원에는 중독이라도 된 듯 항상 특수한 조립식 붉은 기와의 튜더(Tudor) 양식의 건물뿐이다.

너무나도 빈번하게 공원의 주변에 세워지는 새로운 콘크리트 건물들은 공원의 수목들을 아주 왜소하게 만들어 버렸고, 이러한 콘크리트 덩어리는 지금까지 도시가 외부로부터 기다려왔던 피할 수 없는 환상의 종말을 상기시켜 주었다. 최근에는 런던의 하이드파크가 이러한 슬픔에 빠져야 하는 가장 큰 희생물이었으며, 공원을 최초로 훼손시킨 당사자는 힐튼호텔이었다. 처음에는 런던시 당국이나 왕립미술위원회도 이 안을 허가하지 않았지만, 돈벌이가 된다는 이유로 상무성이 통과를 주도하였다. 또한 힐튼호텔 뒤에 세워진 것은 지상 95미터의 나이트 브리지 배럭(Knights Bridge Barrack)빌딩이었는데 이는 힐튼호텔보다 공원에 더 가깝게 세워졌다. 61미터 높이의 고층 빌딩이 하이드파크의 알버트 게이트(Albert Gate) 건너편의 울랜드(Wolland)에 또 하나 계획되고 있다. 고층건물은 밀도라는 점에서나 사회적인 의미에서도 평판이 좋지 않음에도 리버풀의 세프턴공원(Sefton Park)도 현재 어설픈 디자인으로 세워진 고층빌딩에 의해 위협받고 있다. 만일 런던의 중심부에 마지막으로 남아있는 넓은 사유지인 버킹엄(Buckingham)궁전의 정원이 공원이 된다고 해도 주변의 고층건물에 의해 위축되어 좁다고 느껴질 것이다.

몇몇 나라에는 오픈스페이스라든가 그린벨트라고 하는 이름뿐인 지역이 존재하며 실제 이러한 개념은 웃음거리에 지나지 않는다. 왜냐하면 오픈스페이스나 그린벨트 위를 고전압선과 같은 것이 이리 저리로 어지럽게 널려있어 그 개념을 무시하거나 또한 눈에 거슬리기 때문이다. 종횡으로 그린스페이스의 주위 전면을 둘러싸고 있는 고압 송전선이나 철탑도 경관을 고려하여 설치하여야 하며, 황무지 위를 지나는 것 역시 그렇게 해야 한다. 그러나 다소 폭이 좁은 지역에서는 그런 시설들이 사람들의 시야에 너무 가깝게 설치되면 전원적 분위기가 완전히 없어져 버린다. 파리, 베를린 또는 비엔나를 둘러싼 삼림지대와 런던의 소위 그린벨트 대부분을 비교해볼 때 레크리에이션이나 쾌적성 측면에서 런던이 몹시 뒤떨어진다. 런던의 그린벨트는 대담한 계획을 실시하지 않을 경우 템즈(Thames)강의 경우에서 잘 보여주다시피 어떠한 결과를 얻을 수 있는가를 보여주는 전형적인 예이다. 그린벨트는 우선 그 신성함을 침범해서는 안 되는 장소이다. 그러나 그것과는 상관없이 지연경관은 점차 파괴되고 전원으로서의 가치를 잃어가고 있다. 말라죽은 나무는 그대로 방치되고 여러 지역에서 침식이 일어나고 있다. 더욱이 생울타리들은 사라지고 있으며, 오래된 고물 자동차, 세탁기, 텔레비전, 라디오 등과 같은 사치스러운 쓰레기들이 여기저기에 내버려 지고 있다. 도시청결법(Civic Amenities Act)이 제정되었음에도 불구하고 쓰레기를 버리는 것은 여전하다.

▲ 환상적인 건물과 공원, 큐 가든의 파고다(Pagoda), 1760년 챔버스(Chambers)설계

그중에서도 가장 위협적인 것은 곳곳에 존재하며 그 수가 점점 증가하고 있는 자동차이다. 자동차가 동반하는 소음이나 오염의 문제는 심각하다. 그리고 자동차의 증가는 사람들에게 육체적 위험과 시각적으로도 해를 끼친다. 자동차의 덕택으로 많은 사람들이 자유로이 돌아다닐 수 있게 되고 어디든 가는 것이 편리하게는 되었지만 앞에서 기술한 부정적인 면도 잊어서는 안 된다. 프랑스 설비성의 페랭(M. Perrin)에 의하면 현재 파리의 대기는 100㎥당 92ℓ의 일산화탄소를 함유하고 있다고 경고한다. 이것은 안전기준 100ℓ에 조금 못 미치는 수치이다. 1967년에 불로뉴삼림의 관리책임자는 부분적으로 자동차의 출입통제를 명령했다. 그 이유는 수목을 자동차의 배기가스로부터 해방시켜주기 위함이었다. 우리는 화석연료를 연소시킬 때 발생하는 이산화탄소를 대량으로 자연계에 투입해서 오랫동안 안정을 지켜온 자연에게 부담을 주고 있다. 그럼에도 식물은 아주 훌륭한

▲ 고층건물이 침입한 공원의 모습: 하이드파크

완충역할을 한다. 즉 도시 숲의 자연은 잎의 광합성 작용으로 대기 중에서 대량의 이산화탄소를 흡수하고 사람들에게 산소를 공급한다. 지금까지는 자동차 중에서도 디젤엔진에서의 배출 가스에 포함되어 있는 검정과 불완전 연소된 탄화수소 등과 같은 인체에 해로운 배기가스로 인한 대기오염이 심각한 곳은 미국의 몇몇 도시 정도였지만 런던에도 자동차가 배출하는 아황산가스는 하루에 22톤으로 높다. 미국에는 이미 여러 가지 제재조치가 취해지고 있지만 영국은 유감스럽게도 아직 이 선례를 따르지 않고 있다.

1967년 캘리포니아주의 상원은 6년 후에는 공해 차량의 통행을 금지한다는 법안을 가결했다. 이것은 자동차 업계를 자극하여 무공해 엔진을 개발할 목적이었다. 미국 도시 거주자의 폐 속에는 미세한 석면(Asbestos의, 전문가 중에는 암과 관계가

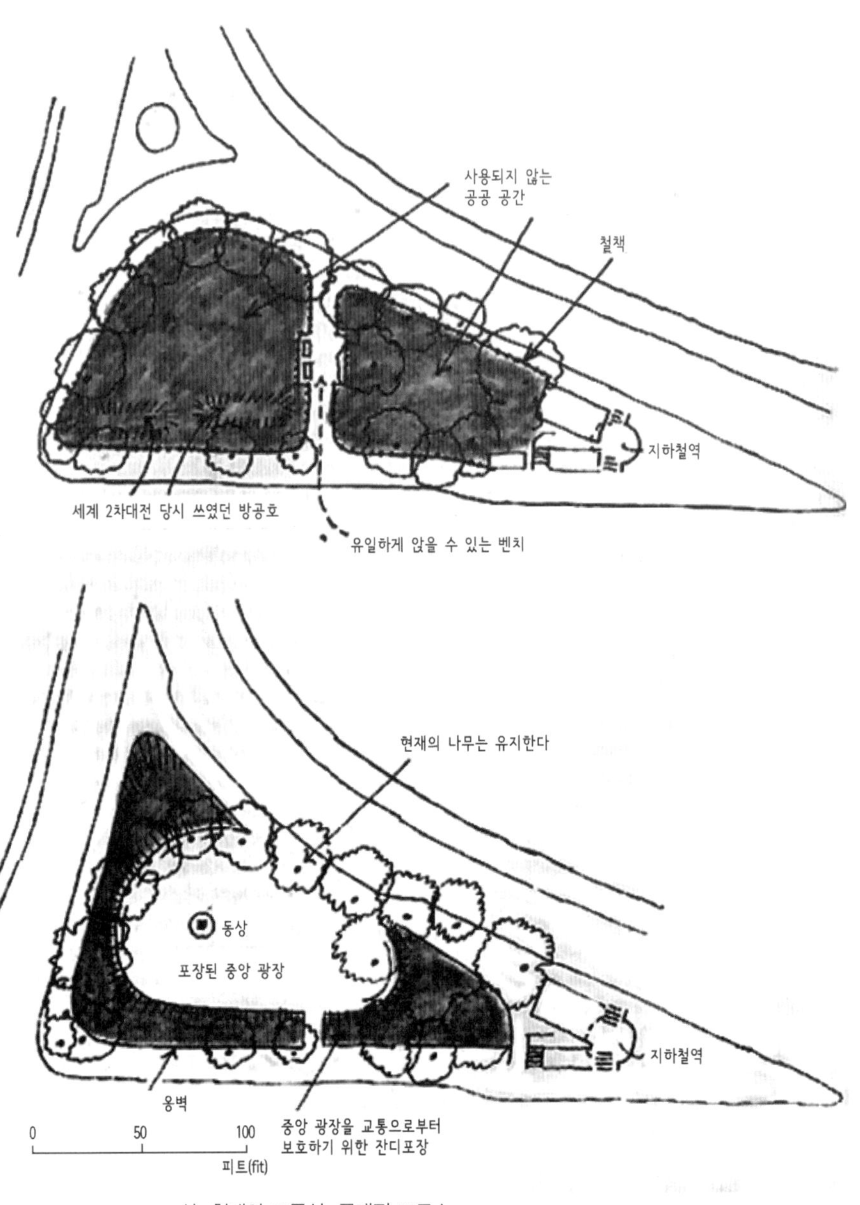

▲ 상. 현재의 교통섬: 클래펌 크로스

▲ 하. 케네스 브라운(Kenneth Browne)이 제안한 클래펌 크로스

있다고 주장하는 사람도 있다)[3]이 존재하고 있는 것으로 알려져 있다. 대부분의 위험한 대기오염은 눈에는 보이지 않는다. 영국에서 자동차는 연간 20만 톤의 질소 산화물과 수백 만 톤의 일산화탄소와 같은 배출가스를 생성해 내고 있다. 그 외에도 휘발유 매연의 납 성분은 사람들의 혈액 속에서 발견되었다. 도시의 공업단지의 매연도 도시민들의 삶에 예상치 못할 영향을 미친다는 것이 분명하다. 미국에서만 인간의 손에 의해 만들어진 연간 약 1억 6천만 톤의 오염물질이 대기 중으로 내뿜어지고 또 쌓이고 있다. 미국을 제외하고도 전 세계에서 약 8억 톤의 오염물질이 배출되는 것으로 예상된다.

이 검정의 미립자는 수증기를 끌어 모으고, 이 수증기는 액화되어 구름을 만들고 이 구름은 언젠가는 녹아서 다시 비가 되어 내린다. 그런데 대공업 도시 세인트루이스(St. Louis)로부터 바람이 부는 방향으로 10마일 떨어진 곳에 일리노이(Illinois)주의 벨레빌(Belleville)이라는 마을의 연간 강우량은 세인트루이스의 바람을 거스르는 인접 지역에 비해 약 7% 많다. 영국에는 대기오염과 흡연으로 인한 기관지염 사망자는 매년 3만 명에 이른다.

이러한 병에 걸리는 비율은 대기의 청결 상태에 따라 변화하고 직접적인 관계가 있다. 예를 들면 공업지역인 샐포드(Salford)지역의 기관지염 발병률은 항구도시이자 휴양지인 이스트본(Eastbourne)보다 6배나 높다. 영국의 기관지염으로 인한 사망률은 대기오염이 영국보다는 심각하지 않은 국가들과 비교해서 15배나 높다. 기관지염이 교통사고의 4배에 가까운 사망자를 만들었고, 대기오염에 의한 사망자가 뉴욕에서는 매년 약 2,000명씩 증가하는 것을 생각해 볼 때 도시에 넓은 녹지가 필요하다는 주장은 손익계산에서도 납득이 가는 것이다. 이와 유사한 위협 신호는 모든 선진국에 볼 수 있다.

베니스에는 1970년 수백 마리의 물고기가 죽어서 운하에 떠올랐다. 그리고 각 가정에서는 은제품이 하루 저녁에 완전히 검게 변색하여 사람들은 놀라게 했

3 호흡을 통하여 가루를 마시면 폐암이나 폐증, 늑막이나 흉막에 악성종양을 유발할 수 있는 물질로 밝혀져 세계보건기구(WHO) 산하의 국제 암연구소(IARC)에서 1급 발암물질로 지정하였다(두산백과).

다. 전문가들은 산소의 결핍과 과다한 황화수소에 그 원인이 있다고 판단했다. 뉴욕시에서는 1970년 여름에 아황산가스의 양이 안전기준을 초과했다. 그리고 심장질환과 호흡기질환에 고통 받는 사람들은 실내에서 생활할 것을 권고했다. 도쿄에서는 많은 사람들이 호흡이 곤란해지는 광화학 스모그에 의해 눈이나 목이 고통을 받았고, 400명 이상의 환자들이 병원에서 치료를 받아야 정도였다. 원인은 배출가스에 함유된 화학물질이었다. 긴급대책으로서 도쿄의 100개소의 도로에 대해 주말에 자동차의 출입이 금지되었다. 그리스(Greece)정부의 기술성은 근본적이며 급진적인 대기오염 대책이 취해지지 않는다면 아테네(Athens)를 10년 내에 포기해야 한다고 경고했다. 그들은 보고서에서 아크로폴리스(Acropolis)의 언덕을 머지않아 볼 수 없으며 그것은 공장의 스모그에 의해 그 언덕이 가려지기 때문이며 또한 공장의 매연은 대리석도 부식시키고 있다고 주장했다. 어떤 삼림관련 전문가는 그리스 정부에게 공원이나 식물의 부족이 아테네를 건강하지 못한 도시로 만든다고 충고했다. 다수의 도시들은 녹지지역이 15~20% 정도인 것에 비해서 아테네에는 겨우 3%밖에 되지 않는다.

공원의 외곽을 달리는 자동차 소음을 완화시키는 방법으로 수로나 분수를 사용하면 효과적이다. 또 다른 방법으로는 도로를 한 단계 낮은 곳을 달리게 하거나 잔디로 피복한 둑을 사용하는 방법도 있다. 도시의 주요한 공원 내를 지나는 도로, 혹은 공원에 근접하고 있는 도로는 앞에서 기술한 것과 같이 도로를 낮춘다든가 터널 속을 달리게 하는 방법 등이 있다.

불로뉴삼림공원과 뱅센삼림공원의 내부는 자동차도로가 종횡으로 달려 마치 그물과 같다. 특히 뱅센 삼림의 경우 지형은 평탄하기 때문에 도로의 폭을 좁게 하거나 자동차가 한 단계 낮은 곳을 달리게 해야만 한다. 그렇지 않으면 도로의 하단부에 보행자용의 긴 지하도를 만드는 것 외에는 어찌할 방도가 없다. 어느 쪽을 채택하지 않을 수밖에 없는 모순은 있지만 지하로 빠져나가야 하는 것은 자동차이지 보행자여서는 아니다. 법률적인 면에서 런던의 왕립공원에서는 보행자가 항상 우선권을 갖고 있다. 그러나 이러한 법칙을 믿으며 산책하는 것은 경솔한 행

▲ 슈투트가르트의 도시와 공원을 연결한 통로

동이다. 가능하다면 공원에 자동차는 일절 출입치 못하게 하는 것이 가장 좋다. 자동차는 공원을 위협하며 이용자들에게 불안감을 준다. 공원에서는 여유 있는 분위기가 바탕이 되어야 한다. 도로에 부가적으로 설치되는 교통신호나 표식 등은 추악한 시각장애물이 된다.

지금까지는 그 아름다움을 자랑했던 프래스카티(Frascati)시의 톨로니아공원(Villa Torlonia)의 평온함은 가로등이 있는 고속도로가 건설되면서부터 사라졌다. 뉴욕에서는 린제이(Lindsay)시장과 호빙(Hoving)공원녹지국장이 택시기사들의 반대를 무릅쓰고 주말에는 센트럴파크에서 차의 출입을 통제할 것을 결정했으며 이것은 일시적으로 성공을 거두었다. 로마의 나보나광장(Piazza Navona)에서는 차를 타는 것이 금지시킨 후 그 아름다움을 되찾았는데 소음이 끊이지 않는 도시에 있어서 이곳은 별천지였다. 1970년 7월 뉴욕시장 린제이는 5번가의 일부에 시범적으로 토요일에 관광용 기차를 제외한 차량의 통행을 금지시켰는데 소풍을 즐기는 사람들, 춤추는 사람들 등이 참가해 즐거운 축제한마당이 열렸다.

지금까지 런던에서는 겨우 몰(Mall)과 같은 공개공지이나 보행자 전용도로에서만 주말에 제한적으로 이러한 멋진 경험을 할 수 있다. 4개의 지역 예를 들면 리치몬드, 리젠트파크, 그리니치, 그리고 윈저공원(Windsor Park) 등은 주말의 경우 보행자나 공원의 이용자들에게 반드시 개방하여 공원을 그들에게 되돌려 주어야 한다.

자동차의 통행금지 구역이나 오픈스페이스가 가지고 있는 안전 측면에서의 사회적인 비용 편익을 지자체가 잊어버리는 경향이 많은 것 같다. 런던에는 매년 7,000명의 아이들이 교통사고로 사망하거나 부상당하고 있다. 더욱이 교통량은 매년 7%의 비율로 증가하고 있다. 이 곳과는 대조적으로 슈투트가르트(Stuttgart)에서는 폭격에 의해 파괴되었던 지역의 재건과 관련하여 자동차도로가 아니라 보행자를 위한 산책로를 만들었다. 이 곳은 조명을 구석구석까지 설치하여 밤에도 이용자가 많다. 또 레스터(Leicester)에는 뉴 워크(New Walk)라는 이름의 산책로가 있었고 퀼른(Cologne), 리우데자네이루(Rio de Janeiro), 노리치(Norwich)의 큰 상점가에는 자동차의 통행이 금지되고 있다. 이는 상점과 일반인들 모두에게 이익을 준다.

노리치에 있는 32개의 상점 중에 28개 상점의 매상이 증가하였으며, 매출이 20%나 증가한 곳도 있었다. 교통이 복잡한 자동차도로는 위험한 것은 말할 필요도 없고 지역사회를 사방으로 난도질하여 고립에

▲ 여기는 하이드파크인가? 주차장인가?

처하게 한다. 채드윅(Chadwick)박사의 말에 따르면 도시 내의 차량통행이 허용되지 않는 시내의 건물로 둘러싸인 '특정구역(urban precincts)'은 필시 보통의 도시공원과 같은 역할을 한다. 스코틀랜드의 신도시 쿰버나드(Cumbernauld)에서는 마을 안쪽 어디에도 차량에 의해 보행자가 방해를 받지 않고 걸어 갈 수 있도록 처음부터 계획되었다. 그 덕택에 영국 내에서는 가장 안전한마을이라고 불리고 있다.

그래서인지 이곳에서는 1962년부터 66년 사이에 교통사고에 의한 사망자는 한명도 없고, 부상자 수도 전국 평균의 23%에 지나지 않았다. 래드번(Radburn)과 부캐넌(Buchanan)의 이 생각을 계승한 캘리포니아 주의 발렌시아(Valencia)에서는 자동차도로와 분리된 보행자용 산책로(Paseos)가 계획되어 있다. 그러나 이러한 산책로를 계획함에 있어 인간의 삶을 반드시 고려해야만 한다. 실제로 건축가의 도면위에서는 산보를 즐기는 사람으로 넘쳐 있어도 실제 만들어 놓고 보면 바람 불고 빛바랜 터무니없이 넓은 공간에 사람 한명 지나지 않는 경우도 있다. 그럼에도 불구하고 이러한 차량통행 금지의 장점은 많은 나라의 공원에도 동등하게 적용되었다. 1964년에 캐녹(Cannock)숲의 (20명에 19명은 자동차 여행자인) 방문객을 대상으로 조사를 했을 때 87%의 사람이 숲으로의 차량진입금지에 찬성을 했으며, 반대하는 응답자는 겨우 6% 뿐이었다.

정지한 차량은 주차가 번거로운 문제다. 오픈스페이스에 대한 대중교통의 편리함을 도모하기 위해서는 주차장으로 쓰이는 토지의 면적을 최소한으로 줄여야 한다. 몇몇 도시의 오픈스페이스에는 시내로 통과하는 도로가 교외에서 통근하는 사람들의 주차장과 연결되어 오픈스페이스의 특징이 사라져 버렸다.

이러한 주차장의 넓은 아스팔트지대는 주변의 경관을 손상시키고 있다. 특히 심한 곳은 글로스터(Gloucester)의 오래된 시장 클래팜(Clapham)의 세인트 폴(St. Paul)교회 앞, 그리고 하이드파크에 새로이 건설된 레스토랑 주위의 주차장 등이다. 이런 주차장은 우아한 레스토랑을 둘러싼 황야와 같았다. 원래 설계에는 어긋나지만 가게 경영자의 주장으로 이렇게 된 것이다. 주차장을 지하에 설치하는 것으로 해결할 수 있지만 비용이 많이 든다. 더구나 샌프란시스코의 몇몇 광장들이나 런

수목을 식재하여
주차장을 숨긴다
수벽(睡癖)
둑
생울타리
테니스장
딱딱한 테니스장
아래에 주차장을 설치
고저의 변화
곡선의 단면을
만드는 것이 중요하다
공원
차
도로
시야 아래로 차를 주차한다

던의 카도간 플레이스(Cadogan Place) 등은 지하주차장으로 인해 원래 있었던 멋진 수목들이 죽어버렸다.

뉴욕의 메디슨 스퀘어공원(Madison Square Park)의 나무도 현재 지하주차장 건설로 인해 죽어 가고 있다. 지하에 굴을 뚫었기 때문에 지하수위가 변하고 있고 또 나무의 뿌리가 노출되어 나무의 생명을 위협할 가능성이 있다.

따라서 지하주차장은 운동장이나 테니스코트 혹은 도로의 지하에 만드는 것이 가장 좋다. 그러나 이러한 방법은 주차장 위를 삭막하게 한다. 마블아크(Marble Arch)의 근처에 큰 지하주차장을 만들기 위해 굴을 뚫었을 때 애석하게도 주차장 위와 그 근처에 흥미로운 언덕을 만들 수 있는 기회를 놓쳐 버렸다. 하이드파크에서부터 헤스턴(Heston)까지 지하주차장을 만들기 위해 퍼낸 16만 톤의 흙을 운반하는데 드는 비용을 아꼈더라면 그 곳의 모든 조경공사 비용을 지불할 수 있었다. 제프리 젤리코(Geoffrey Jellicoe)는 지형의 기복을 이용한 매우 훌륭한 설계안을 준비했었다. 그의 설계안에 다르면 그 곳에 주위로부터 은폐되고 양지바른 원형극장을 마련했고 동시에 공원으로부터 마블아크 부근의 소음을 차단하여 그 곳의 분위기가 산만해지는 것을 막았다. 다른 지역에서는 이러한 지하주차장 대신에 그 주위를 담으로 둘러싸거나 요철(sunken)을 이용한다면 그 위를 덮는 것은 무리지만 주차한 자동차를 숨길 수 있다. 2.1미터 정도의 제방이면 불도저로 간단히 쌓을 수 있으며, 이 제방은 소음을 완화시키는 효과도 있다.

가장 싸고 동시에 느낌이 좋은 위장(camouflage)의 수단은 교목과 관목 즉 수목이다. 스크린식으로 주차장 주위에 나무를 심는 것도 좋고, 차와 차 사이를 따라 심는 것도 좋다. 좋은 예로써 내셔널 트러스트(National Trust)에 의해 서리(Surrey)의 폴스덴 레이시(Polesden Lacey)의 주차장 식재가 있다.

베를린시 당국은 1966년 차량 4대분의 주차 공간마다 한 그루의 나무를 심는 것을 의무화하는 법률을 제정했다. 주차장주변을 스크린식재로 사람들의 시야를 가릴 경우에 수목의 높이는 4.5미터면 충분하다. 그리고 1년 내내 같은 모습을 유지하는 상록 섬개야광나무나 가막살나무속(屬) 관목(viburnums) 등의 상록수를 사용하면

▲폴스덴 레이시(Polesden Lacey)의 주차장 식재모습

(자료: Wikipedia 사전에서, 역자)

좋다. 그러나 무화과속의 나무나 보리수는 끈적끈적한 수액이 나와서 좋지 않다.

이러한 스크린 식재가 이용되는 곳으로는 이동 주택(Trailer House)용 캠프장(Caravan Site, 영국에는 매년 5,000개소의 캠프장이 새로운 개설을 허가받고 있다)의 폐기물 처리장, 쓰레기 수거장 등과 같은 장소에는 빠짐없이 수목을 이용하여 차폐하는 것이 좋다.

지방당국은 이런 시설을 허가할 때는 어느 정도 성장한 나무를 심는 것을 전제조건으로 할 필요가 있다. 주차장의 수림은 한여름에는 또 다른 장점이 있는데, 나무 그늘에 주차한 자동차는 뜨겁게 달지 않는다. 그래서 차주인은 강철판재의 열 지옥으로 들어가지 않아도 된다. 또 가지가 늘어진 너도밤나무나 버드나무는 자전거보관소를 매우 훌륭하고 아름다운 장소로 만든다. 대다수의 공원에서는 해마다 일반 공휴일 같은 몇몇의 특정한 날에만 많은 주차장이 필요하다. 이러한 점에 주목하여 타운스케이프(Townscape)의 저자인 건축가이자 도시디자이너인 고든

▲ 나무로 차단되어져 있는 트레일러 주차장

쿨렌(Gordon Cullen)은 표면을 포장하여 주차를 하지 않는 때에는 물을 채워 관상용 수영장 또는 스케이트장으로 사용하도록 하는 독창적인 제안을 했다.

공원을 위협하는 모든 것으로부터 공원을 보호하기 위해 우리들은 무엇을 하는 것이 가장 좋을까? 각 오픈스페이스마다 각각의 주민위원회를 설치하여 주의 깊게 공원을 감시하거나 공원에 감시원을 둘 수도 있다. 그러나 이 경우 국립공원위원회의 전철을 답습하여 지방위원이 우위를 차지하는 실패를 범해서는 안 된다. 때에 따라서는 의회의 계획에도 자유로이 반대할 수 있어야 한다. 따라서 주민위원회의 위원은 오픈스페이스 주변지역에 사는 사람들에 의해 선발되어야 한다는 것이 중요하다. 이는 위원이 공원에 인접한 지역의 주민들뿐만 아니고, 지역사회 전체를 대표하기 때문이다. 만일 오픈스페이스가 어떤 손실을 피할 수 없는 경우에 이에 상응하는 최소한의 공간을 다른 곳에 마련해야 한다. 그러한 공간을 마련했다 하더라도 이것은 종종 원래 것과 비교해 볼 때 별로 이득이 없는 교환인 경우가 많다. 예를 들면 하이드파크의 파괴는 다른 곳 여기저기의 토지를 짜깁기 식으로 하여서는 치유될 수가 없다. 진정한 의미에서 공원을 보호하는 것은 손실된 것과 완전히 똑같은 것으로 변상하는 것을 의무화하는 법적 조치가 필요하다.

06
공원의 문화파괴행위

지금까지 우리는 건물과 도로의 건설이 도시공원에 가져온 대규모의 파괴행위에 대해서 살펴보았다. 그러나 이와 동시에 문화파괴행위자(반달리스트)에 의한 공원의 훼손을 최소화하는 데는 어떤 방법이 좋을지에 대해 생각해보는 것도 중요하다.

경범죄를 담당하는 치안 판사나 신문의 독자 투고란에 분노의 편지를 보내는 사람들은 모두가 문화파괴행위자들의 행위를 전혀 이해할 수 없는 행위라고 주장하고 있다. 그러나 좀 더 엄밀하게 조사해 보면 이러한 하나하나의 문화파괴행위(반달리즘)[1]에는 원인도 있지만 또한 치유방법도 있다. 따라서 이에 대한 많은 조사

1 반달족의 무자비한 파괴행위로 발생한 용어이다. 반달족은 5세기 초 유럽의 민족 대이동 때 이베리아 반도의 에

와 방지대책을 세우는 노력을 해야 할 것이다. 그러나 이것은 현대생활의 새로운 산물이라고는 할 수 없다. 왜냐하면 그 어원인 반달(Vandal)사람이 로마에 오기 이전에도 폼페이 벽에는 낙서가 있었기 때문이다.

여러 나라 국민들에게 그 나름대로의 특색이 있다. 일본인들은 메뚜기 떼가 지나간 것처럼 공원에 피어있는 꽃을 하나 남김없이 모두 꺾어가 버린다. 영국인들은 공원에 있는 휴대용 의자를 보면 부수고 싶은 욕망을 억제할 수 없을 것이다. 일시적인 오점일지라도 쓰레기는 포장재의 증가에 따라 급격하게 늘어나고 있는데, 이러한 광경을 어떤 지식인은 풍족한 사회(affluent society)를 '유출사회(effluent society)'라고 비꼬아서 말하기도 했다. 쓰레기양은 매 10년마다 2배로 늘어가고 있다. 플라스틱 용기의 급격한 보급의 의미는 분해되지 않는 쓰레기의 양이 증가한다는 뜻이다. 폴리에틸렌은 종이와는 달라서 비를 맞거나 호수와 하천에 들어갈 경우 완전히 분해되지 않는다. 플라스틱 병과 포장지는 1970년에 25만 톤이었지만 1980년에는 1조 2,500억 톤에 달할 것으로 예상되고 있다.[2] 무엇보다도 플라스틱 제조업체들은 이 문제를 처리하기 위한 연구를 선행하여야 할 것이다. 버밍엄에 있는 애스턴대학의 과학자들은 이 문제에 대한 하나의 해결책을 개발하고 있다. 그것은 어떤 종류의 첨가물로써 폴리에틸렌과 폴리프로필렌을 태양광선의 자외선에 반응하기 쉬운 것으로 변화시켜 그것들이 쓰레기가 되었을 때 무해한 분말로 변하게 하는 것이다.

건설성(The Ministry of Works)은 런던소재 왕립공원(Royal Parks)의 쓰레기 청소에만 매년 15,000파운드 이상을 낭비하고 있다고 한다. 이와 관련해서 오스트리

스파냐를 정복하고 아프리카로 건너가 로마총독을 살해하고 카르타고에 왕국을 세웠다. 반달족(族)의 족장이었던 게이세리쿠스는 부족을 이끌며 지중해 연안에서 뛰어난 함대를 양성하였다. 그들은 지중해 제해권을 장악하고 로마를 약탈하기 시작하였고 455년 반달족은 테베레 강을 거슬러 올라가 로마를 점령하였다. 반달리즘은 이때 반달족의 무자비한 약탈과 파괴행위를 거듭한 일에서 유래된 말이다. 하지만 당시 로마교황이었던 레오1세는 게이세리쿠스를 만나 도시 파괴를 자제할 것을 당부하였고 반달족은 이 약속을 지켰다고 알려져 있다. 후대 역사가들은 반달족이 무자비한 파괴행위를 하지 않은 것으로 평가하고 있다〈출처: 네이버 두산백과〉.

2 최근 통계청이 주요 국가를 대상으로 연간 한 사람의 플라스틱 소비량을 조사했는데, 2006년 기준 한국의 1인당 플라스틱 소비량은 98.2㎏, 미국은 97.7㎏, 프랑스 73㎏, 일본 66.9㎏, 영국 56.3㎏의 순으로 나타났습니다. 영국의 국민 1인당 쓰레기 배출량이 선진국 중에서는 가장 낮습니다.

아 비엔나의 공원관리 책임자는 사람들이 공공장소에서 쓰레기를 버리지 않도록 하는 방법에 관해 '××를 금지합니다'라는 식의 딱딱한 말이나 법률 조례를 인용하는 것보다는 오히려 호소력 있는 말과 정중한 바람 그것도 유머를 곁들인 말이 훨씬 효과적이었다고 말했다. 일반인들과 직접 접하고 있는 공원관리자는 항상 이 말을 염두에 두어야 할 것이다. 정중함은 공원관리자의 철칙이 되어야 한다. 울타리뿐만 아니라 경고문이 쓰인 간판도 종종 파괴행위의 대상이 된다는 것은 흥미로운 일이다.

영국 남부의 휴양도시 브라이튼(Brighton)[3]의 공원에는 울타리가 전혀 없지만 파괴행위에 의한 피해액은 불과 연간 150파운드 정도에 지나지 않는다. 브라이튼의 공원 책임자 에비슨(J. Evison)은 다음과 같이 지적하고 있다. 그는 '울타리는 이미 시대에 뒤떨어지는 물건이다. 공원에 울타리가 있다 해도 파괴행위자들은 무엇인가를 부수고 싶을 것이고 울타리에 가려져 더 많은 피해를 입을 것이다. 연인들이 밤에 공원에 들어와서 키스를 하거나 포옹하기 위해 자유롭게 드나드는 것을 누가 막을 수 있겠는가?'라고 주장했다.

또는 위법인 의도적 문화파괴행위를 보면 잉글랜드와 웨일즈에서는 공원과 그 외의 오픈스페이스에서 일어난 파괴행위의 기소건수는 일반 범죄와는 달리 급격하게 감소하고 있다.

근년에 와서 이와 같은 위반이 감소할 수 있었던 이유의 하나로써 경찰이 범죄 방지에 보다 깊은 관심을 보이고 있기 때문이다. 런던에서 범죄 방지를 담당하고 있는 상급경관은 너무나 많은 금지간판이 나쁜 행위를 하게끔 충동질 했다고 그의 어린 시절을 회고했다. 모험광장을 모든 공원에 조성하여 이곳을 어린이들의 에너지분출과 공격 본능의 배출구로 이용하는 것이 더욱 효과적이라고 지적했다.

3 브라이튼(Brighton)은 영국 잉글랜드 남동부 이스트서식스 주 서단에 위치한 도시이다. 해변 리조트와 휴양지로 유명하다.

연 도	기소된 자	유죄판결을 받은 자
1958	1625	1567
1959	1682	1538
1960	1317	1264
1961	2001	1954
1962	1679	1632
1963	1892	1847
1964	1451	1360
1965	942	914
1966	505	483
1967	356	308

이 표의 대상이 되는 것은 이하에 게재된 법률 및 조례에 위반된 것이다.
1857년 Inclosure Act(공유지의 사유지화 법령) 제12조.
1863년 도시공원보호법 제4조 및 5조. 1872년 및 1926년의 공원관리법
1936년의 왕령지법 및 그 세칙. 1876년 Common Act 제29조.
1908년 Common Act 제1조. 1925년 재산법 제193호. 1867년 삼림법.
1906년 open space법, 제15조의 부칙. 공원, 유원지 공유지 기타 open space에 관한 지방조례 및 그것에 관한 각종 공법, 지방조례 등

만약 모험 광장이 계획대로만 된다면 그 효과는 결코 공원에만 한정되는 것이 아니다. 놀이지도자는 결손가정과 복지기관과의 연결을 맡아 지역 사회에 대단히 좋은 효과를 미치고 있다. 뉴욕에서 파괴행위로 인해 유죄가 선고된 어린이들의 평균 연령은 다른 소년 범죄자가 14.5세 인데 비해 12.9세이다. 이것은 하나의 집단공격성의 징후이며 나이에 상관없이 어린이들에게는 놀이의 일종인 것 같다.

뉴욕에서는 최근 제인 제이콥스[4]가 주장한 '공원은 이용자가 많으면 많을수록 안전하다'는 한 신조를 가슴깊이 받아들였다. 센트럴파크는 다양한 야간공원 이용프로그램을 대폭 증대시키고 조명도 더 많이 설치한 결과 센트럴파크의 범죄

4 제인 제이콥스(Jane Jacobs)는 주로 지역사회의 문제와 도시계획, 도시의 쇠퇴에 대해 관심을 쏟은 저술가이자 사회운동가였다. 그녀는 1961년에 발행된 저서, '미국 대도시의 죽음과 삶(The Death and Life of Great American Cities)'에서 1950년대 미국의 도시재생 정책을 날카롭게 비평하여 유명해졌다. 그녀는 1916년 5월 4일에 미국, 펜실바니아주의 스크랜톤 시에서 태어났으며, 2006년 4월 25일, 89세의 나이로 캐나다, 온타리오 주의 토론토 시에서 사망했다.

율은 뉴욕시가지에 비해 낮아졌다.

한편 공원의 경비원들이 무전기를 휴대하고 있다면 아주 심각한 범죄행위를 처리하는 데 유용할 것이다. 그러나 공원을 훌륭한 계획과 시설은 견고한 재료를 사용하여 제작하면 파괴 충동행위를 최소화 할 수 있고 그 결과로 파괴 행위를 감소시킬 수 있다. 수목의 경우 유목에 비해 조금 자란 묘목이 해를 덜 입을 것이다. 맨체스터의 공원과는 새로운 정책으로 공원 내에 산재해 있는 건물을 서서히 제거하고 하나의 장소에 집중시킬 계획을 하고 있으며 건물 안에는 그 시설들을 감시할 관리인의 방을 두기로 했다.

웨일즈의 카디프에서는 이전에는 인공 스키용 슬로프에서도 어린이들이 나무 썰매를 탔기 때문에 슬로프의 파손이 잦았지만 최근에는 인공의 나무 썰매용 코스를 별도로 만듦으로써 그 문제를 해결했다. 스톡홀름에서는 일반 사람들이 공원에 대한 이해를 높이고 즐기도록 하기 위해서 텔레비전 프로그램을 이용하고 있다. 웨일즈의 스완지(Swansea)계곡 하류 지역에서 행해지고 있는 학교 학생들이 직접 나무를 심고 보살피는 계획은 건설적인 태도를 기른다는데 효과가 있었다. 암스테르담의 공원 책임자 브레만(F. G Breman)도 이같이 생각하고 있다. 관리 상태를 좋게 하는 것은 그 만큼 파괴행위를 방지하는 하나의 방법이다. 본래 인간은 주위의 환경에 따라서 행태가 변하기 마련이다. 그러나 동시에 지나친 계획으로 공원을 너무 질서정연하게 하는 것도 좋지 않다. 원래 공원은 잠시 쉬기 위해서 있는 곳이기 때문이다. 문화파괴행위에 관한 연구를 행했던 더럼(Durham) 대학의 스탠리 코헨(Stanley Cohen)은 뉴 소사이어티(New Society)지에서 다음과 같이 밝히고 있다. "지방의 공원담당자 중에는 만약 새 시설물을 설치하면 파괴주의자들이 그것을 파괴하고 말 것"이라는 틀에 박힌 생각을 하는 사람이 있다. 그러나 사람들은 실제 파손이 잦고 어딘지 모르게 더러운 경우에 한해서 이걸 부셔버려도 상관없지 않을까 하는 식으로 생각한다. 이는 도로가 불결할수록 점점 휴지를 버리는 사람이 많은 것과 같은 이유이다.

스웨덴 스톡홀름(Stockholm)시의 공원 담당부서에서는 인간의 성격은 좀처럼 변하지 않는다고 말하면서 인간의 본성을 역이용하는 방법을 만들어 냈다. 스톡홀름에서는 낙서를 없애는데 연간 15,000파운드의 비용을 쓰고 있었다. 그렇지만 지금은 공원자체에서 벽신문(Klotterplank)을 만들어 놓았다. 이것은 특수한 벽으로써 완전히 하얗게 칠해 두는데 매주 700명의 이용자가 이용한다. 이 가운데는 경찰관도 있으며 항의하러 온 시위자도 있다. 즉 문자에 의한 스피커스 코너(Speakers' Corner)[5]인 셈이다. 다음 장에서 확실하게 논하겠지만 어린이들의 짓궂은 장난을 줄이기 위해서는 적절한 유희장소와 시설을 제공하는 것이 급선무다.

스피탈필드(Spitalfield)에서 1968년의 여름, 어린이들을 위한 여름휴가 특별계획이 처음으로 실시되었을 때 8월, 9월에 법정에 나온 어린이들의 수는 예년의 반 정도로 줄었다. 필라델피아의 지방 검사에 의하면 지도자가 상주하는 놀이터에서의 청소년 비행은 5년간 반으로 줄었다고 한다. 또 영국에 어느 도시에서 행해졌던 조사에 의하면 어떤 장소에서는 청소년의 범죄가 증가했으나 새로 모험광장이 조성된 다른 지역에서는 청소년비행이 감소했다고 한다.

문화파괴행위는 아마 완전히 근절될 수 없겠지만 같이 연구하고 빈틈없는 예방조치를 강구한다면 최소화시킬 수는 있다. 철학자 러셀(Bertrand Russell)은 “인간이 범하는 범죄의 적어도 반 이상은 지루함을 해소하기 위한 행위에 그 원인이 있다.”고 했다. 우리들의 공원을 즐겁고 만족스러운 곳으로 만들면 만들수록 특히 어린이들에 의한 문화파괴행위는 점점 줄어들 것이다.

5 영국 런던 하이드파크 북동쪽 끝에 있는 자유발언대이다. 누구든지 연설할 수 있고, 주제도 무엇이든 가능하다. 하이드파크가 대중에게 연설하는 장소로 인기를 얻자 1872년에 스피커스 코너를 설치하였다. 스피커스 코너에서는 누구든지 상자나 의자 위에 올라가 자신의 의견을 이야기 할 수 있다. 주제는 개인적인 내용부터 정치·경제·국제문제·종교 등 무엇이든 가능하다. 단, 여왕과 왕실에 대한 발언은 할 수 없다. 또, 영국 국왕만이 스피커스 코너를 폐지할 수 있다.

Parks for People

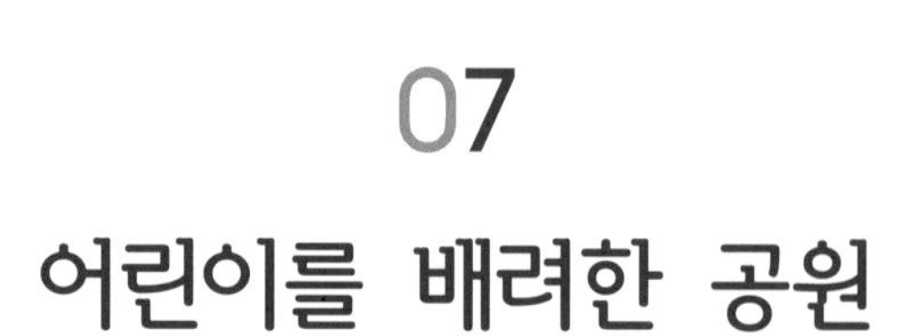

07 어린이를 배려한 공원

영국의 도시·교통 전문가이며 〈Instead of Cars〉의 저자인 테렌스 벤딕슨(Terence Bendixson, 1934~)은 가디언(The Guardian)[1]에 기고한 글에서 "먼 옛날의 어린이들은 곡식의 씨를 뿌리거나 추수를 도왔으며 건초를 실은 짐수레 위에서 떠들며 놀기도 하였고, 닭을 쫓아다니거나 이삭 줍는 일을 거들기도 했다. 아이들의 생활은 어른들의 생활에서 빠질 수 없는 일부분이었다. 그들은 부모들이 일하는

1 영국의 좌파성향의 진보적 일간지로, 영국의 유력지 중 하나이다. 1821년 〈맨체스터 가디언〉이라는 이름의 주간지로 창간되었으며, 1855년 일간지로 전환, 1959년 현재의 명칭으로 변경되었다. 공정한 논조와 참신한 보도가 잘 조화되어 보수신문인 〈타임스〉의 새로운 대항 신문으로 주목을 받았는데, 이는 1872년부터 57년간 발행자 겸 주필로 재임했던 찰스 P. 스콧의 공로에 힘입은 바가 크다. 탄탄한 재정을 바탕으로 독립적이고 자유주의적인 시각을 유지해 지방지가 유력한 전국적 대표지로 성장한 좋은 예이다. 영국의 유력한 언론 그룹인 가디언 미디어 그룹이 소유하고 있으며, 자매지로 〈업저버〉와 〈가디언 위클리〉 등이 있다(출처: 네이버 지식백과).

근처에서 놀면서 그들의 일을 돕기도 하였다. 하지만 오늘날의 아이들은 부엌일을 돕거나 주말에 아버지가 세차하시는 것을 가끔 도울 뿐이다. 대부분의 도시 사람들은 공장과 사무실에서 일하고 요즘 아이들은 그곳에서 어른들이 무슨 일을 하고 있는지 전혀 모른다."고 했다. 그리고 그는 "지금 필요한 것은 그리고 현재 싹트기 시작한 움직임은 일찍이 여성들이 가사에서 해방되었던 것처럼 어린이들을 고독과 우울에서 벗어나게 해야 하는 것"이라고 주장했다.

결혼 연령이 낮아짐에 따라 세대 간의 연령차가 줄어들고 있다. 1970년대까지 미국인구의 절반은 25세 미만일 것이라는 예상을 하고 있다. 그러나 도시의 중심부는 사람들이 주택, 도로, 그리고 사무실 부지를 매입하는데 혈안이 되어 있기 때문에 어린이가 놀이할 수 있는 장소는 점점 사라져 가고 있다.

"옛날에는 도로 옆에 초지가 있어 거기서 놀 수도 있었으며 오래된 묘지도 있고, 빈터도 있었다. 그러나 현재 있는 것이라고는 운동장이나 그 외의 고도로 조직화된 오락시설들이 밀집되어 있을 뿐"이라고 런던의 도시책임자 데이비드 에버슬리(David Eversley)는 말했다. 모든 건축가가 에르노 골드핑거(Erno Goldfinger)[2]와 같이 자신이 설계했던 공공주택에 직접 살았던 것은 아니다. 고층건물을 설계한 건축가들은 그 고층건물주변의 바닥에서 어린이들이 놀고 있을 때 가끔 불어오는 회오리바람을 경험했을 리가 없다.

어린이를 위한 모험 놀이터조성을 제안했던 조경가 앨런여사(Lady Allen of Hurtwood, 1897-1976)[3]는 「고층주택에 살고 있는 2세부터 5세의 어린이」라는 제목의 조사보고서에서 런던에 있는 고층건물의 3층 이상에 살고 있는 72%의 어린이는 안전하게 놀이를 할 수 있는 기회가 없어서 같은 또래의 아이들과 어울려 노는 경우가 거의 없다고 한다. 특히 도시지역의 어머니들은 교통사고나 성추행에 노출

2 1902년 헝가리 부다페스트에서 태어난 '에르노 골드핑거'는 20세기의 가장 위대한 건축가 중의 한명이다. 2차 세계대전 이후 영국으로 이주한 골드핑거는 당시 영국의 만성적인 주거문제에 본격적인 관심을 가지게 되었고 그 해결책을 위해 고군분투하다가 1950년대 이후 국가의 주거 대안으로 그가 제안한 다가구 고층빌딩이 채택되면서 유명해졌다.

3 http://www.pgpedia.com/l/lady-allen-hurtwood

▲영국의 유스클럽에서는 어린이들을 위한 축구, 농구, 탁구 혹은 종교행사 등과 같은 활동을 한다.
(자료: *Wikipedia* 사전에서, 역자)

될 수도 있다는 두려움 때문에 아이들이 밖으로 나가서 노는 것을 싫어한다.

1960년대에 이르러서도 보육원의 건설용지가 주차장에 빼앗기는 현상은 계속되었다. 이 사이 런던에서는 교통사고를 당한 보행자 5명 중에 2명이 어린이였으며 그 수는 매년 증가하고 있다. 공원에 울타리를 설치하는 것을 정당화하는 이유가 단 한 가지 있다면 그것은 어린이들이 놀이용 공을 따라 도로 안으로 뛰어드는 것을 방지할 수 있기 때문이다. 그러나 맞벌이를 원하는 어머니들이 증가함에 따라서 도로는 점차 어린이들에게 있어서 유일한 놀이 장소로 되어 가고 있다. 특히 여름휴가로 인해 많은 유스클럽(Youth Club)[4]이 폐쇄되는 여름철에 아이들은

4 아이들이 도로에 노출되는 위험과 어린이의 비행을 방지하기 위하여 만든 사회적 모임 단체로 주로 축구, 농구,

도로 이외에 마땅히 놀 장소가 없다.

많은 도시에서는 몇 개의 도로를 '놀이를 할 수 있는 거리(Play Street)'로 지정하여 차의 출입을 통제하고 있다.

N.P.F.A(National Playing Fields Association, 국립운동장 위원회)의 애버네시(W. D Abernethy)는 '모든 거리는 아이들에게 커다란 매력이 있는 장소'라고 했다. 도로는 빛, 움직임, 색, 사람들, 소음, 모험, 그리고 무엇보다도 위험 등과 같은 유혹이 존재한다. 그러나 그러한 유혹이 너무 많을 경우에는 어린 아이들을 죽음으로 몰고 간다.

놀이는 어린이들의 성장에 있어서 필수적인 것이다. 놀이를 통하여 어린이들은 그들을 둘러싸고 있는 환경에 대해 배우고 사물과 다른 사람들의 특징을 발견하며 그리하여 자기 자신을 더 이해할 수 있게 되는 것이다. 요즈음 어린이들은 과거보다 좀 더 자유롭게 자신을 표현하도록 가르침을 받아 왔음에도 불구하고 도시환경 쪽에서는 어린이들의 놀이에 대해 아직은 무심한 것 같다. 이러한 경향은 점점 더 심해지고 있으며 심지어는 다른 도시공원에서도 같은 신세다.

파리의 뤽상부르공원(Jardin du Luxembourg)[5]은 어린이들의 숨이 막히도록 해버렸다. 이 공원에 있는 아주 단순하고 재미없는 놀이터에 입장하는데 60상팀(centimes, 예전 유로화 이전의 프랑스의 화폐단위, 1상팀은 1/100프랑, 한화 약 6천원)을 지불해야 했으며 잔디에서는 달리거나 누울 수도 없도록 했다. 학교가 쉬는 목요일에는 욕구불만에 찬 어린이들로 이 공원은 대성황을 이루었다. 그러나 대부분의 관리자들은 이 어린이들을 싫어했고 어린이들로 인해 생기는 혼란을 참지 못했다.

많은 도시의 놀이터에는 어린이들이 나무타기를 하는데 적당한 나무를 볼 수가 없으며 부드러운 진흙놀이 장소도 없다. 어디든 어린이들이 놀 수 있는 장소가 없다. 이는 모두 당국의 무관심에서 초래되었으며 대부분 시에서 운영하는 어린

탁구 혹은 종교행사 등을 한다.

5 사진: http://blog.naver.com/jini6299?Redirect=Log&logNo=90182669897

▲ 뤽상부르공원의 어린이들

(자료: Wikipedia 사전에서, 역자)

이 놀이터는 교도소 앞마당과 같은 안전수준과 놀이시설을 갖추고 있다. 잉글랜드의 중부지방(Midlands)의 경우 적어도 어느 한 도시에는 어린이들이 가장 필요로 하는 일요일에 어린이공원의 그네에 자물쇠를 채워둔다. 리버풀 어느 지역의 어린이들과 바이버리(Bibury)초등학교 학생들은 일상의 놀이터로 교회의 마당을 이용한다. 영국에서 모험 놀이터를 가지고 있는 장소는 아직 30개소도 되지 않는다. 모험 놀이라는 것은 어린이들이 나무 조각이랑, 천 조각, 로프, 고물차와 모

▲혼란

▲무미건조

래를 사용해서 그들이 좋아하는 것을 하며 노는 놀이이다. 결국 〈The Social Life of Small Urban Spaces〉의 저자인 미국의 도시전문가인 윌리엄 화이트(William Whyte, 1917~1999)의 말처럼 어린이들은 그들 스스로가 놀이기구를 만들어 가면서 놀 뿐이다.

모험 놀이터를 최초로 생각해낸 사람은 덴마크의 조경가 소렌센(Sorenson)교수였다. 그는 자신이 어린이들을 위해 정성들여 만든 놀이터보다도 버려진 땅을 어린이들이 더 좋아한다는 사실에 주목했다. 그는 1943년 세계 2차 대전이 한창임에도 불구하고 최초의 모험 놀이터를 덴마크의 코펜하겐에 있는 새로운 공영주택지에 조성하였다. 이 소식은 앨런여사에 의해 처음으로 영국에 소개되었다. 앨런여사는 옛날부터 이러한 놀이터를 확대시키는 운동에 힘쓰고 있었다. 대부분의 시공무원들은 이러한 제안을 올바르지 못한 것으로 생각했으며, 무질서에 의해 깔끔함이 대체되는 것으로 오해하였다. 런던에서는 1940년 후반에 자원 봉사자들

▲상상력이 풍부한 버밍엄의 어린이 놀이터, 메리 미셸 설계

▲성공한 모험놀이터, 하지만 이웃주민들은 차폐되길 바라고 있다.

의 노력에 의해 최초의 모험 놀이터가 세워졌으며, 후에 N.P.F.A(국립운동장 위원회)가 리버풀과 런던[6]에 각각 1개씩의 실물선전용 모험놀이터의 조성을 지원했다. 오늘날 영국에서 가장 성공적이고 잘 알려진 예는 아마도 노팅힐(Notting Hill)에 있는 모험놀이터일 것이다.

실제로 사람들은 놀이터의 깔끔함보다는 어린이를 더 좋아한다. 그래서 모험놀이터가 우리에게 보여주는 시각적 혼란은 코펜하겐의 경우처럼 위험한 도랑과 격자울타리가 아니라 높이 6피트의 제방을 만들어 그 뒤에 놀이터를 보이지 않도록 감추어 버리는 것이 바람직하다. 그러나 소렌센교수의 생각은 패드릭 키너슬리(Patrick Kinnersley)가 헬프(Help)지에 썼던 것처럼 (모험 놀이터는) 반드시 계획의 일부로서 그리고 지역사회 발전으로서의 이상을 표현한 것이다. 모험 놀이터가 의도하는 것은 유희 집단이 가진 의미 즉 어린이들에게는 결국 하고 싶은 것을 하도록

6 이것은 유명한 롤라드(Lollard)거리에 세워졌으며 이름은 롤라드거리모험놀이터(Lollard street adventure playground)로 정했다.

만들어 주는 것이다.

다시 한 번 더 강조하자면 모험 놀이터에서는 어린이들이 집을 세울 수도 있으며 모닥불, 야외요리, 구멍파기, 정원 만들기, 흙탕놀이, 모래놀이, 점토놀이 등 무엇이든지 할 수 있다. 모험 놀이터의 성공은 건축가들이 새로운 개발계획을 할 때 반드시 첨부하는 최근 유행하는 첨단놀이시설과 비교해 본다면 우리에게 큰 교훈을 준다. 즉 대부분의 경우 이러한 첨단 놀이시설은 건축가 자신들보다 상상력이 낮은 어린이들에게는 그다지 인기가 있을 것 같지 않다. 그 결과 어린이들은 설계가가 놀이터로서 계획한 곳에는 전혀 가지도 놀지도 않고 그 대신 동네의 빈터나 도로로 나간다. 그곳에는 활기가 있기 때문이다. 또 하나의 일반적인 실수는 어린이들의 연령차를 고려하지 않고 모두를 「어린이」로 동일하게 취급하는 것이다. 3살짜리 유아와 12살 어린이와는 매우 다르며 놀이의 필요성에 있어서도 많은 차이가 있다. 그들이 좋아하는 놀이기구의 선호도는 롱펠로우(Henry Wadsworth Longfellow)[7]의 시에 〈하이어워사의 노래〉에 나오는 아메리칸 인디언의 영웅 하이어워사(Hiawatha)와 영국에서 가장 똑똑한 수재라 일컬어지는 캠브리지 대학 수석합격자(the Senior Wrangler) 정도의 차이가 있다.

어린이를 위해 특별히 설계된 놀이공원은 주로 스웨덴, 덴마크, 스위스, 미국 등에서 특히 발달했다. 그래서 스톡홀름에는 현재 127개의 모험 놀이터를 가지고 있다. 런던지방청(London County Council)은 1959년 이것을 모방하여 5세에서 16세까지의 어린이가 자유롭게 놀 수 있는 놀이공원을 만들었다.

이 공원은 장애 어린이의 경우를 제외하고는 부모들이 놀이터에 들어오지 못하도록 하였다. 그래서 페기 제이(Peggy Jay)의 선도적인 지도 아래 몇몇 공원에는 어린 꼬마와 함께일 경우에만 어른의 입장이 가능한 어린이용 「오후 1시 클럽」과 유아를 위한 「가축의 우리라는 개념을 가진 '펜스 pens'」가 개설되었다. 또한 성

7 롱펠로우(Henry Wadsworth Longfellow), 미국 시인. 유럽의 시적 전통, 특히 유럽 대륙 여러 나라의 민요를 솜씨 있게 번안·번역함으로써 미국 대중에게 전달한 공적은 크다. 식민지 전쟁을 배경으로 한 비련의 이야기 《에반젤린》, 《하이어워사의 노래》, 《마일즈 스탠디시의 구혼》 등의 장시(長詩)가 유명하다(두산백과에서).

공적인 놀이공원이라면 서로 다른 사회적 배경에서 자란 어린이들을 교류시켜야 할 중요한 가치를 가져야 한다.

모든 어린이 놀이터의 바닥은 반드시 부드러운 재질을 사용해야 한다. 아이들이 놀다가 넘어지는 것은 있을 수가 있다. 그러나 아이들이 깨끗한 모래 위가 아니라 콘크리트와 같은 단단한 재질로 된 바닥에 넘어지게 해서는 안 된다. 독일 함부르크(Hamburg)시의 플란텐(Planten)과 블루멘(Blumen)공원의 놀이터 지면에는 아이들이 넘어지면 고통스러운 아스팔트나 콘크리트가 아닌 고운 모래가 지면에 깔려 있다. 이 놀이터의 유지비와 설계비는 시 공동묘지의 임대료에서 발생되는 재원에서 풍부하게 자금을 공급받고 있다. 한편 놀이공원을 설계할 때는 계절 특히 겨울철에 대한 충분한 고려가 있어야 한다. 어른들과는 달리 어린이들은 바깥이 춥다고 해서 집안에 틀어 박혀 있지 않기 때문이다. 스웨덴(Sweden)에 있는 칼스타드(Karlstad) 어린이공원에서는 바깥의 기온이 영하 5℃일 때도 모래사장의 온도를 가열하여 50℃로 유지하게 하여 어린이 놀이터의 겨울철 놀이문제를 해결하였다. 어린이들을 위하여 가장 정성들인 놀이기구가 설치된 곳은 미국 특히 캘리포니아주에 있는 공원들이다. 이 곳에 가면 방책이 처진 요새, 기관차와 신호기가 있는 기차역, 농장과 트랙터, 또는 짐마차를 가진 서커스지붕 등과 같은 어린이 놀이시설을 볼 수 있다. 그래서 트램폴린(trampoline, 실외용 방방이)같은 놀이기구라면 놀이터에 쉽게 설치할 수 있으며 모든 어린이들에게 인기가 있을 것이다. 한편 뉴욕시는 조립식 놀이시설을 개발하였다. 특히 이것은 기초를 만들 필요도 없고 조립도 간단하고 수송하기도 쉬운 것이다. 또한 캔버라공원(Canberra Park)에서도 어린이들을 위해서 놀이시설을 갖춘 놀이터 외에 넓은 공간의 필요성을 강조하면서 그곳에서 어린이들은 연이나 팽이, 대나무 말을 가지고 놀 수도 있으며 「장님놀이(Blind-man's buff)」와 같은 간단한 놀이도 할 수 있다.

대부분 경우 우리는 이러한 단순한 원리를 잘 기억하지 못하는 것 같다. 건축가나 공원위원회가 어린이들이 이런 것을 좋아해야 한다고 주장할 것이 아니라 오히려 어린이들에게 그들이 좋아하는 것이 무엇이냐고 물어봐야 한다. 공원의 활동에 어린이들 자신이 적극적으로 참여시키는 것이 매우 중요하다. 호주의 캔버라에 새롭게 완성한 코먼웰스공원(Commonwealth Park)에 있는 야외원형극장은 어린이들에게 즉흥극(卽興劇)의 장려를 주된 목적으로 만들어졌다. 뉴욕에서는 어린이들에게 어린이 자신들이 직접 인형극을 만드는 것, 혹은 그날의 신문기사를 즉흥극(卽興劇)으로 제대로 연출하는 것을 가르치고 장려하고 있다. 또 어린이극장과 10대의 어린이들이 제작한 영화를 상영하는 이동영화관이 시내 각지를 순회하고 있다. 공원에서 지적장애아동을 위한 일일 캠프가 열리는 경우에는 젊은 봉사자들이 그 행사를 돕는다. 파리의 다끌라마따시옹(Jardin d'Acclimatation)공원[8]에는

▲ 파리의 자르딩 다끌라마따시옹(Jardin d'Acclimatation)공원의 교육용 페달카

(자료: 역자 제공)

8 20헥타르 규모의 동물원과 과학사박물관 등을 가지고 있는 파리의 어린이를 위한 놀이 공원.

미국의 공원처럼 모의도로교통시스템이 있어 어린이들에게 아주 인기가 있는데 경찰청에서 운영하며 어린이들은 교육용차(Pedal-car)를 타고서 교통규칙을 배운다.

셰필드(Sheffield)에서는 1967년 시의 연간 계획에 따라 셰필드에서뿐만 아니라 체코슬로바키아, 미국, 실론 섬 등으로부터 이 도시로 봉사하러 온 10대 자원봉사자 120명을 놀이시설이 전무한 셰필드 인근지역에 사는 2,000명 이상의 어린이들을 이 도시의 공원으로 초청하는 행사에 참여시켰다. 이런 경우 주의해야 할 사항은 어린이들이 포함된 어떠한 계획에서도 그들에 대한 동정심을 가지고 관리에 임하는 것이 아주 중요하다. 모험 놀이 중에 지도자의 지휘가 약간 지나치면 군사교육처럼 보일 수도 있다. 그러나 숙달된 지도자는 통솔하고 있는 것처럼 보이기보다는 어린이들이 자주적으로 활동하도록 격려해 준다.

놀이기구의 제공은 사회적으로 시급히 해결해야 할 과제다. 이것은 어린이들을 만족시켜 자동차도로에서 놀지 않게 할 뿐만 아니라 특히 어둑어둑한 저녁 무렵 슬럼지역에서 발생하는 비행을 감소시키는 효과도 있다. 영국과 그 밖의 다른 나라에서의 소년 범죄자 연령은 대부분 15세에서 16세 사이이다. 만약 필요하다면 이 시점에서 비용 편익 관점에서 공원과 놀이터를 정비할 필요성을 주장해야 한다. 결국 1명의 어린이를 1주간 감화원에 수용한다면 20파운드의 경비가 든다. 뉴욕에는 흉악 범죄의 70% 이상은 21세 이하의 젊은이들에 의한 것이다. 한편 런던에 있는 2차 대전 당시의 폭격 피해지역은 전쟁이 끝나고부터 25년이 지난 지금까지도 잡풀이 무성하고 황폐하게 남아 있다. 그러나 장래계획을 세우기에는 이미 늦은

▲ 뉴욕의 동적 놀이터는 가치가 있지만 어린이들은 직선을 좋아하지 않는다.

듯이 새로운 세대가 계속 성장하고 있다. 심각한 문제가 무엇인가 하면 일반적으로 도시 가운데 가장 많은 사회문제가 발생하는 지역은 단적으로 오픈스페이스(Open space)가 가장 적은 지역이다. 1888년에 옥타비아 힐(Octavia Hill)[9]은 런던 학무 위원회가 1888년 아동공원을 야간과 주말에 문을 폐쇄한 것에 대해 '런던 동부지역(eastern half)주민은 7,481명당 겨우 1에이커의 오픈스페이스를 가지는데 반하여 런던의 서부지역(western half)의 경우는 주민 682명당 1에이커의 오픈스페이스가 주어진다'고 비판했다. 현재 노팅힐(Notting Hill)이 있는 런던의 북 켄싱턴(North Kensington) 지구에서는 불과 1/10에이커의 토지를 88명의 어린이가 공동으로 이용하고 있는데 비해 고소득층이 사는 남 켄싱턴(South Kensington) 지구에서는 8명의 어린이가 공동으로 이용하고 있다.

▲뉴욕의 3개의 어린이 놀이터

북 켄싱턴의 오픈스페이스가 남쪽에 비해 152에이커나 부족하다. 그럼에도 지금 이러한 부족사태가 젊은이들

9 옥타비아 힐(1838-1912), 존 러스킨(John Ruskin)과 함께 영국의 공공지원 주택 부문에서 영향력을 발휘했던 영국의 여성 사회개혁가로서 내셔날트러스트(National Trust)를 공동 창립했다.

의 성격이 형성되는 오랜 시간 내에 간단하게 개선될 것 같지는 않다. 이러한 녹지가 부족한 환경 아래에서 어린이를 가진 부모들은 북 켄싱턴 지역 1/4평방마일 넓이 안에서 닷새에 한 번씩 어린이 자동차 접촉사고가 일어났고 그 결과 1명의 어린이가 사망한 사건에 대하여 직접적인 행동을 취했다. 그들은 몇몇 자물쇠로 채워진 광장에 들어가서 쓰레기를 깨끗이 치우고 그들 스스로 어린이 놀이터를 만들었다. 주민의 의견에 굴복한 의회는 주민 단체에 대해서 고가도로 식으로 되어 있는 고속도로 아래의 토지를 공원으로 조성할 것을 허가했다. 이곳은 원래 주차장으로 예정되어 있던 장소였다.

화이트(White)시를 경유해서 패딩(Padding)에 도달하는 고속도로 아래에는 대략 25에이커의 토지가 있는데 그 교각은 브리스톨(Bristol)시의 계획과 유사하게 어린이들이 스포츠용과 극장용으로서 나누어 이용하게 했다. 일본 도쿄에서는 도쿄역 근처를 달리는 자동차 우회도로 아래에 있는 토지를 어린이 놀이용으로 잘 이용하고 있다. 또 샌프란시스코에서도 고가도로 아래에 2.5마일 길이의 공원 조성을 계획하고 있다. 도시 내에 적절한 오픈스페이스를 대신할 공간이 없다면 그러한 고가다리 아래의 공간도 아이들의 소란스러운 활동을 위해서는 아주 좋은 곳이다. 그래서 북 켄싱턴(North Kensington)지역 사람들이 취한 대담한 행동은 강한 의지를 가지고 주민 자신이 선두에 나설 때 눈앞에 다가온 문제를 해결할 수 있음을 보여준 좋은 본보기였다.

▲이탈리아 우르비노(Urbino)에서 공굴리기를 하고 있는 모습

08
운동을 할 수 있는 공원

운동경기 가운데는 진지한 경쟁이 시발점이 되어 그것이 점차 형식화된 것이 적지 않다. 예를 들면 스코틀랜드(Scotland)의 퍼스(Perth)시의 노스 인치(North Inch)에서는 2개의 부족에서 선발된 30명이 출전해서 행했던 격투 등이 그것이다.

축구는 상당히 옛날부터 영국 마을의 공공녹지에서 사람들이 즐겨 행하던 운동이었는데 체스터(Chester)에서는 침략자의 머리를 잘라 축구공 대신 사용해오곤 했다고 한다. 17세기 스코틀랜드의 글래스고우(Glasgow)에서는 동네녹지(Village Green)[1]에서 개최되었던 달리기 경주의 우승자에게는 20실링의 상금이 수여되었다.

오늘날에는 존 블레이크(John Blake)가 최근 서베이어(Surveyor)지에서 논한 바

1 http://en.wikipedia.org/wiki/Village_green 참고 바람.

▲영국의 빌리지 그린

(자료: Wikipedia 사전에서, 역자)

와 같이 스포츠 시설을 만들 때 비용 편익 계산에 의해서 투자에 대한 최대한의 수익을 보증하려는 노력이 아직 충분치 않다. 이는 아마도 그런 계산을 하게 된다면 지금까지 오랫동안 옳다고 여겨져 왔던 믿음 중에 잘못이 있다는 것이 명확하게 드러나지 않을까 하는 우려 때문일 것이다. 그러나 토지나 재원도 많이 부족하고 더구나 이런 현상이 당분간 변하지 않는다는 상황에 있어서는 시설의 공급과 수요가 균형을 이루게 함과 동시에 이미 거액의 자본을 투입해서 만들어진 시설은 최대한 이용할 필요가 있다는 것도 명확히 해야 할 필요가 있다. 이것은 수년 내에 전국적 혹은 지방적인 규모로 설립되었던 각종의 스포츠 협회가 직면한 과제이다. 또한 만약 영국이 가까운 장래에 예상되는 "레저의 폭발 현상"이 초래할 여러 가지 문제에 잘 대처하려면 이 문제를 긴급히 해결해야 할 필요가 있다.

그러나 비용 편익 계산에 따른다고 일반인들에게 아직 널리 보급되어 있지 않은 뱃놀이, 스케이팅, 기구타기(ballooning), 승마와 같은 개성있는 스포츠에 관심을 가지는 사람들을 무시해서는 안 된다.

▲ 석회암 광산을 매립하여 만든(잔디가 깔리고 보통 선이 그려져 있는) 경기장: 영국의 그래이브센드(Gravesend)

테니스나 크리켓 같은 운동은 공원의 분위기와 잘 조화된다. 반면, 모형 비행기의 굉음은 사람의 귀를 찢어 버릴 것 같은 특유한 음을 낸다. 이러한 기계적인 음을 수반하는 놀이는 이를 위한 공원을 따로 만드는 것이 좋을 듯하다. 공원에 부설하여 어울리는 스포츠 시설이라고 하는 것은 사람들이 이용하고 있지 않을 때에도 주위의 경관과 잘 조화되는 것을 말한다. 예를 들면 골프장이 그것이다. 조금만 상상력을 동원하면 더 좋은 골프장으로 되지 않을까 생각되는 것이 많다. 반면 스쿼시코트는 보기 흉하기 때문에 공원에는 꼭 필요하지 않다.

▲ 석회암광산을 이렇게 변모시킬 수 있다.

그런데 최근 위압적인 체육관을 대신하여 들어선 스포츠 홀의 몇몇 구조물들은 수영장, 배구장, 테니스장 또는 농구장 등의 겨울철 피신용으로만 사용된다. 스웨덴에서는 수 년 전부터 에어 홀(air-hall)을 이

▲ 글래스고우의 야외음악당은 스키슬로프로 변신했다.

러한 목적으로 사용해 왔다. 이것은 공기를 넣어 부풀게 하면 만들 수 있는 간단한 것으로 하루에 만들 수 있다. 금속, 목재, 벽돌도 필요 없다. 회전날개의 힘으로 따뜻한 공기와 찬 공기가 내부를 순환하는 구조로 되어 있고 또한 전복되는 것을 막기 위해 지지되어 있으며 여름에는 간단히 제거할 수 있다. 영국 북동쪽 빌링엄(Billingham)에서와 같이 여러 가지의 스포츠시설을 사람들이 많이 모이는 어느 한곳에 집합시키면 비용을 절약할 수 있다.

스포츠를 보다 많은 사람들에게 즐기게 하고, 추가적인 토지나 건물이 필요가 없는 방법이 있다. 그것은 초·중·고등학교나 대학의 운동시설을 일반인이 이용할 수 있도록 하는 것이다. 운동장뿐만 아니라 수영장, 스포츠 홀, 체육관 등도 함께 개방하는 것이다. 현재 이 방법을 실천하고 있는 가장 좋은 예로서 노팅엄셔(Nottinghamshire)의 작은 마을인 빙엄(Bingham)을 들 수 있는데, 이 마을은 몇 개의 지구협의회가 협력해서 어린이도 일반인들과 함께 이용할 수 있는 커다란 종합스포츠 시설을 계획했다. 예를 들면 엄마들이 취학 전 어린이들을 수영 지도용 풀에서 놀게 하려고 하면 정규 수영지도가 진행되고 있는 시간에도 어린이를 데리고 갈 수 있도록 되어 있다. 이 시간이야말로 어머니들에게는 가장 편리한 때이다. 그러나 그 외에 몇 백만 파운드의 비용을 들여 만든 스포츠 시설은 주말이나 저녁시간의 절반은 그냥 버려진 채 있다. 또한 사기업 소유의 운동장의 이용은 회사원에 한정되어 있으며 더구나 그들의 이용 또한 드물다.

컴벌랜드(Cumberland)의 에그리먼트(Egremont)에 있는 남녀 공학 종합중학교인 윈덤(Wyndham)종합학교의 경우는 이와는 대조적으로 학교시설을 지역 사회를 위해 앞장서서 제공했다. 그 학교시설 가운데는 학교의 극장이나 도서관까지 포함되어 있다. 그러나 한편 영국 서 랭카셔(West Lancashire)지역의 스켈머스데일(Skelmersdale)에 있는 총 건설비용이 100만 파운드나 들어간 스포츠 센터는 그곳의 수영장을 가장 필요로 하는 여름 1개월간 폐쇄되고, 그 기간 동안 관리인은 휴가를 떠난다.

새로운 스포츠시설을 별도로 만드는 것보다는 현재의 시설에 부가적인 관리를 실시하는 방법이 훨씬 비용을 절약할 수 있다. 그라운드가 훼손되는 것도 확실히 배제할 수 없는 문제다. 그러나 그라운드가 상하는 것도 배수를 좋게 하고 잔디의 종류를 보다 강한 것을 섞는다면 조금은 경비를 절약할 수 있을 것이다. 운동장의 표면을 새로운 사계절용으로 잔디를 깐 곳에서는 사람들의 이용이 다소 집중되더라도 손상은 적다. 비록 비용이 많이 들긴 하지만 미국의 일부 미식축구 경기장에서는 인조 잔디를 사용하고 있다. 다만 이것은 비용이 아직도 비싼 것이 단점이다. 운동 용구를 공원 이용자들에게 빌려주는 적극적인 공원이 있어도 좋겠다. 진취적인 공원관리과를 통해 사용가능한 스키나 썰매, 자전거 등도 대여해 주면 좋다. 그렇게 하면 돈이 없어 운동을 못하고 망설이는 사람도 없게 해준다.

공원에서 우리의 눈에 거슬리는 것을 제거하고 동시에 운동의 즐거움을 추가한다면 그것은 일석이조가 될 것이다. 좋은 예로 그 지역의 사람들에게는 위건 알프스(Wigan Alps)로 알려져 있는 랭커스터(Lancaster)지방에 있는 80에이커의 버려진 공업지대를 개간해서 위건 피어(Wigan Pier)로 통하는 전혀 새로운 도로를 개설함과

▲ 리젠트파크의 스케이트장 풍경, 1838년

동시에 고속도로인 M6에서 쉽게 접근할 수 있는 새로운 스포츠 센터를 만들었다.

채굴시 굴취 되어 나온 돌이나 흙이 쌓여져 생긴 3개의 높은 산은 세 자매(Three Sisters)라 이름 붙이고 이곳을 현재 50만 파운드의 비용을 들여 개조시켜 스키, 슬로프, 뱃놀이, 낚시를 즐길 수 있는 장소로 개조하고 있으며 또한 이곳에서는 오토바이경주의 일종인 스크램블링(scrambling)[2]이나 승마가 가능하며 피크닉이나 산책을 즐길 수 있는 것은 말할 필요도 없다. 다른 지역에서도 광물을 제련한 후 나온 찌꺼기로 이루어진 언덕을 초보자용 스키 슬로프로 개조할 수 있을 것이다. 런던시 당국은 제2차 세계대전이 끝난 후 해크니(Hackney)습지에 110개의 축구장을 만들었는데 그 축구장의 기초를 다지는데 독일 비행기의 공습을 받아 파괴된 건물의 허물어진 돌무더기를 사용하였다.

더비셔(Derbyshire)주의 피크(Peak)공원국은 최근 18.4km의 폐기된 철도를 사

2 기복이 있는 산지에서 행하는 오토바이 경주.

▲오늘날의 해크니 축구장의 모습

(자료: Wikipedia 사전에서, 역자)

들여서 표면을 덮은 석탄재가 녹아 덩어리로 굳은 클링커(clinkers) 위에 12,000톤의 표토를 덮고 잔디를 식재하여 작은 말도 타고, 산책도 즐길 수 있는 장소로 사용할 예정이다. 이외에도 폐기된 철로를 좁고 긴 선형공원으로 개조한 곳이 많다. 하나의 예로 현재 제안중인 '위럴 웨이(Wirral Way)'[3]가 있다. 대단히 협소해서 많은 인원은 사용할 수 없지만 적어도 승마나 달리기용의 트랙정도는 만들 수 있다.

템즈(Thames)강이나 그 외 도시하천은 수영할 수 있을 정도로 깨끗하지는 않지만 세느(Seine)강처럼 수영용 풀을 설치할 필요는 없다.

공원에서 수영장을 만들 때 파낸 흙은 언덕을 쌓을 때 좋은 재료로 사용된다. 또한 장소에 따라서는 채석장이었던 곳을 이용해서 수영장을 만드는 것도 고려해 볼 수 있다. 뉴욕에서는 요즘 가장 황폐했던 지역을 중심으로 60개 이상의 '소형(vest-pocket)'수영장을 개장했다. 하이드파크의 야외 수영장인 리도(Lido)가 대호평을 받고 있다고 하는 사실은 영국과 같은 기후에서도 실외 수영을 좋아

3 위럴컨트리파크라 불리며 1973년 개장.

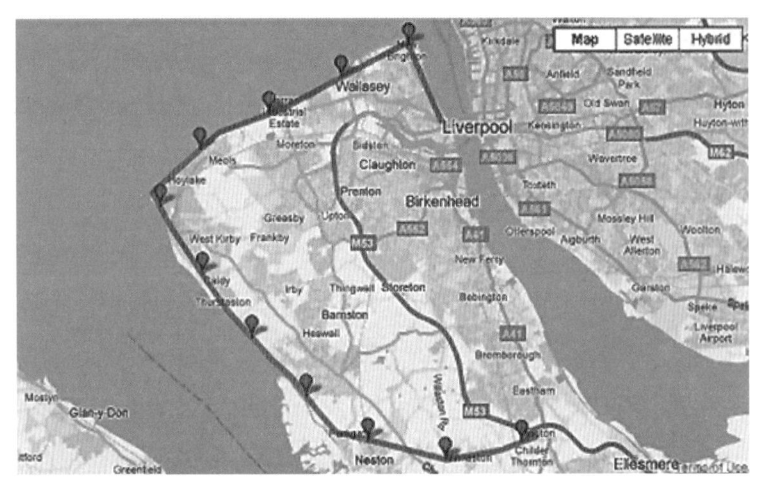

▲위럴웨이의 경로

(자료: Wikipedia 사전에서, 역자)

▲현재 위럴웨이의 모습

(자료: Wikipedia 사전에서, 역자)

▲ 하이드파크의 야외 수영장인 리도(Lido)의 현재 모습

(자료: Wikipedia 사전에서, 역자)

하는 사람들이 많다는 것을 보여주는 좋은 예다. (1930년까지 하이드파크의 서펜타인(Serpentine)연못에서의 목욕은 아침 일찍 남성에게만 한정되어 허락되었다. 1929년부터 1931년까지 노동당정권의 건설성 장관을 지냈던 조지 랜즈버리(George Lansbury)는 리도를 부인이나 어린이에게도 개방하여 여름에도 하루 종일 놀 수 있도록 해야 함을 강력히 주장했다).

공원 내에 설치되는 많은 야외 수영장의 가장자리에 모래를 깔면 마치 해변과 같은 착각을 가져오게 할 수 있을 것이다. 암스테르담 슬로터플라스(Sloterplas) 호수 옆에 건설되었던 대형수영장도 이런 방식에 의해 건설되었다. 만약 물을 따뜻하게 데운다면, 풀러(Fuller)형 돔이나, 슬라이드 식 초가 지붕, 혹은 플라스틱 지붕으로 덮거나 여름에는 천장을 개방할 수 있다. 이런 방식으로 북부의 추운 나라

▲암스테르담 슬로터플라스(Sloterplas) 호수

(자료: Wikipedia 사전에서, 역자)

에서도 수영을 즐길 수 있다.

모스크바에서는 수온이 늘 27℃를 유지하고 있는 야외 수영장이 있다. 여기에서는 기온이 영하 10℃일 때도 수영할 수 있다. 그리고 몇몇 곳은 겨울철의 동결을 막기 위해 운동장의 잔디나 트랙 혹은 테니스 코트 밑에 가열 케이블을 묻어 둔 곳도 있다.

이외에도 몇몇 아이디어는 받아들여도 좋을 만한 가치가 있다. 베를린(Berlin)에서는 겨울철이 되면 여름철에 롤러스케이트용 링크에 물을 넣고 얼려서 아이스 스케이팅용으로 이용할 수 있을 것이다. 또한 레닌그라드(Leningrad)[4]나 뉴욕의 공원에서는 체스게임을 할 수 있는 테이블이 놓여져 있는데 이것은 우선 많은 공간을 필요로 하지 않는 장점을 가지고 있으며 게다가 언제나 모든 연령층이 이용하고 있으며, 스코틀랜드말로 '나무'라는 뜻의 크리프(Crieff)광장에서처럼 커다란 전

4 구소련 북서 해안의 도시. 원래 이름인 St. Petersburg(상트페테르부르크)로 바뀜.

▲덴마크 코펜하겐의 공원에서 스키 타는 풍경

시용 보드를 몇 개 설치하여 보충하는 것도 좋을 듯하다. 미국의 몇몇 도시에서는 새로운 정책으로 테니스코트나 수영장을 시민에서 무료로 개방했다. 왜냐하면 요금의 징수에 드는 비용이 수입액과 같은 경우가 종종 있었기 때문이다.

▲런던의 배터시공원의 조각전시장

Parks for People

09
예술을 즐길 수 있는 공원

필자는 지금까지 벌써 몇 번이고 여러 매체의 글을 통해 과거 오랫동안 소수의 특권 계급이 독점해 온 예술의 즐거움을 이제는 대중도 접근이 가능해야 함을 지속적으로 강조해왔다. 그 하나의 수단으로 공원녹지의 일부를 새로운 형식의 예술을 시험하는 광장으로 또는 새로운 관광객 즉, 평소에 미술관 또는 음악회에 갈 수 있는 기회가 적은 사람들을 위해 예술을 선보이는 장소로 만들 수 있음을 제안한다. 능동적이든 수동적이든 예술의 즐거움을 많은 시민들에게 파급시키는 것은 장기적 안목으로 보아 예술가를 돕는 가장 좋은 방법이다. 이러한 목적에서 예술이 그 특권의식으로 싸인 껍질에서 벗어나 보통 사람들도 예술을 일상생활의 화제로 토론할 수 있고, 또 현대 생활과 직결된 흥미로운 것임을 인식할 필요가 있다.

많은 사람들이 모이는 장소로서의 공원이 가지는 특성인 이 대중성을 잘 활용한다면 비록 예술이라는 것이 일반인의 접근을 거부하는 배타성과 특권의식이 따라 다니지만 이 공원에서 예술에서의 격식과 사회적 계급의 장벽을 제거하는 역할을 할 수 있다. 예컨대 주말이나 야간에 공원을 방문하면 의외로 그곳에서 밴드공연이나 품평회에서 상을 받은 베고니아(Begonia)꽃 작품을 감상할 수 있을 뿐만 아니라 누군가가 포크송(Folk-Song)을 불러 주고 있는가 하면 오페라와 발레를 관람하고 그 외에 시낭송회도 있고, 현대극도 있고, 옥외 조각이 전시되는가 하면 공원 방문객들이 직접 그림을 그리거나 조각을 할 수 있다. 주크박스를 설치해 클래식과 포크송 등의 음악을 들려주는 것도 좋다. 타임스퀘어(Time Square)의 지하에 있는 것과 같이 듣고 싶지 않은 사람들에게 방해되지 않도록 하기 위해 이어폰을 설치해 두는 것도 생각해 볼 수 있다. 옛날 카라칼라(Caracalla)의 목욕탕이나 베로나(Verona)의 경기장에서 '아이다(Aida)'를 열창한 오페라가수 가운데에는 목이 쉬었던 가수가 있었을런지도 모른다. 그러나 수천 명의 사람들에게 '오페라란 이런 것이다.'라고 소개한 것에서 실로 훌륭한 무대장치라 하겠다. 예를 들면 음악과 영상, 섬광이라는 다양한 예술 표현 수단을 조합하는 실험장소를 공원 가운데 설계한다면 예술의 각 장르간의 경계를 없애 주는데도 유용할 것이다. 겨울에 행사를 개최할 때는 스포츠의 경우와 마찬가지로 섬유 유리나 그 밖의 재료를 사용한 가설 건물을 사용한다면 추위를 막을 수 있을 것이다. 또 그런 공원에서 연중행사의 하나로 지역 주민에 의한 지역주민을 위한 축제를 계획하는 것도 좋다. 이런 행사에서 얻어지는 수익은 자선 사업에 기부하는 것도 좋고 지역의 예술 장려를 위한 목적에 사용할 수도 있다.

1858년에 개장된 템즈강 남쪽 둑에 위치한 배터시(Battersea)공원에서 개최된 조각전시회처럼 공원에서의 예술장려행사가 이미 성공한 예도 있다. 그러나 대런던청(G.L.C)이 경제적인 이유에서 1969년도 전시회를 중지한 것은 정말로 유감스러운 일이었다.[1]

1 요즈음은 다시 하고 있다고 한다(http://www.batterseapark.org/aboutus/sculpture-prize).

보스턴의 쉘(Shell)[2]에서 매년 여름 저녁에 개최되는 야외 콘서트에는 도시 근로자 수천 명이 모여들었다. 1969년에 하이트파크에서 열린 팝 콘서트에서는 삼십만 명의 젊은이가 모여들었다. 이것은 야외 집회로서는 차티스트(Chartist)운동(1937~48)[3]이래 최대의 사람들이 모인 것이라고 회자되고 있다. 그렇다고 해서 문화파괴행위로 인해 공원의 시설물이 손상된 것도 없었으며 축구 경기 후의 상태보다 훨씬 좋았다고 한다. 홀랜드공원(Holland Park)에서는 사람들이 크리켓 배트의 타격음이나 동물원의 공작 울음소리가 들리는 장소에서 야외극에 몰입했다. 뉴욕이나 런던에서는 저녁에 날씨가 맑으면 날아다니는 작은 곤충의 울음소리나 비행기의 소음에도 불구하고 셰익스피어의 야외극이 상영되고 있다. 켄우드(Kenwood)의 고전음악 연주회에서는 서정적인 분위기가 감돌며 사람들의 꿈의 세계로 빠져든다. 런던의 중심부가 이곳 바로 옆에 있다는 사실이 믿어지지 않을 정도이다. 수면을 스치며 흐르는 전원 교향곡의 선율은 물새소리와 잘 어울리고 무대를 배경으로 훌륭한 너도밤나무와 느릅나무 숲이 넓게 펼쳐져 있다. 저녁 노을이 밀려올 때쯤이면 사람들은

▲ 배터시(Battersea) 공원의 조각
(자료: Wikipedia 사전에서, 역자)

2 흔히 "Hatch Shell"이라고 불리는 보스톤의 찰스강변 에스프라나데에 있는 콘서트 장.
3 영국에서 1832년의 제1차 선거법 개정이 이루어진 후에도 선거권을 얻지 못하자, 노동자 계급을 중심으로 1830년대 후반부터 1850년대 초에 걸쳐 경제적·사회적으로 쌓여온 불만과 함께 선거권 획득을 위한 민중운동이다. 의회의 개혁을 요구하고, 성인 남자 보통 선거권을 비롯하여 무기명 투표, 의원에 대한 급여의 지급, 의회의 매년 개선, 선거구의 평등, 의원의 재산자격의 철폐의 6가지 항목을 중심으로 한 인민헌장의 청원이 1839년, 1842년, 1848년의 3차에 걸쳐 이루어졌다. 아일랜드의 명망가 출신이었던 오코너(Feargus O'Connor)가 기관지적인 역할을 한 '노던 스타'지를 매개로 가장 중심적인 지도자로서 활약하였다. 1840년에 조직된 '전국헌장협회'는 1850년대에 들어서자 실태를 상실하지만 노동자를 중심으로 한 전국적인 정치조직의 기초가 되었다(21세기 정치학대사전, 한국사전연구사).

▲홀랜드공원의 공작새

(자료: *Wikipedia* 사전에서, 역자)

잔디밭에 누워 저녁 하늘의 별을 바라본다. 그 모습은 마치 메사추세츠(Massachusetts)의 탱글우드(Tanglewood) 음악제에서 연주를 즐기는 사람들을 연상케 한다.

공원 가운데 박물관 또는 미술관 같은 것이 있는 도시는 몇 있지만 박물관이나 미술관에서 사람들을 격리시키는 담장을 없앨 필요가 있으나 그렇게 하고 있는 곳은 없다. 그리고 내부의 전시물이 현대의 생활 또는 예술과 밀접한 관계가 있다는 것을 사람들에게 알려 주어야 한다.

안전 문제가 보장되는 한도 내에서 만약 벽을 투명한 플라스틱으로 만든다면 평소에는 이러한 곳에 들어가는 것을 생각지도 못한 사람들에게 호기심을 갖게 하여 그곳으로 향하게 할 수 있을지도 모른다. 뉴욕에서는 모바일 아트(mobile-art)

▲탱글우드 뮤직 페스티발

(자료: Wikipedia 사전에서, 역자)

미술관을 슬럼가에 보낼 계획을 세우고 있다. 지금까지 말한 전통적인 박물관은 이미 시대에 뒤진 것이며 쇼윈도에 아주 멋진 전시하는 곳을 백화점에만 한정시킬 이유는 어디에도 없지 않은가?

박물관이나 미술관이 우리가 내는 세금이나 입장료로서 유지되고 사람들에게 즐거움을 주기 위해 존재하는 것은 당연한 사실인데 장중하고 음울한 느낌이 많이 드는 것은 어떤 이유에서 일까? 관내의 시설이나 전시품을 보고자 희망하는 사람이면 누구든지 이론이나 실제로 자유롭게 이용하고 싶을 것이다. 모든 박물관이나 미술관에는 어린이용 완구를 비치한 탁아소와 놀이방이 있고 그곳에서는 담당계원이 어린이를 봐주는 그런 제도가 필요하다. 공원 안에 있는 이러한 시설과 또 그 밖의 시설이라도 해가 저물 때까지라든지 주말에는 꼭 개관하는 편이 좋다. 이것은 그러한 이유에서 평일 오전 중에는 개관하지 않아도 된다는 의미이다.

▲1800년 당시의 하노버(Hanover) 공원의 공원극장

박물관이나 미술관 주위의 정원이나 중정에 분수를 만들어 조각 작품을 설치하는 등 정원을 유용하게 이용하고 있는 곳은 도대체 얼마나 될까? 공원 내의 박물관 또는 미술관의 경우 겨울철에 특별한 모임을 계획한다면 공원 이용이 연중 거의 비슷해질 것이다.

멕시코시티 박물관은 야외 전시품 배열의 자유로운 느낌에서나 여러 학문끼리의 학제적인 이용 등에서 세계적이다.

옥스퍼드(Oxford)의 네르비(Nervi)나 파월(Powell), 모야(Moya) 등에 새로 지을 예정인 피트 리버스(Pitt Rivers)박물관에는 옥상정원을 만들고 인류학 박물관 전시실에는 각양각색의 다양한 초화류나 나무를 무성하게 심어서 온도나 습도를 자유로이 조절할 수 있도록 하고 전시실에는 생동하는 자연환경을 조성할 예정이라고 한다. 옛날 건조물을 복원해서 배치하고 건물의 역사를 재미있게 배울 수 있는 야

▲오늘날의 하노버극장과 공원

외 박물관을 만들어 놓은 나라도 있다. 예를 들어 노르웨이, 스웨덴, 아일랜드, 핀란드 등의 민속박물관에는 옛날 가옥이 복원되어 있어 당시의 건축양식을 볼 수 있도록 한 것이다. 스톡홀름의 스카우센(Skausen)은 특히 훌륭하다. 미국 코네티컷(Connecticut)주 미스틱(Mystic)에서는 옛날 고래잡이 항구가 그대로 보존되어 있다. 버지니아(Virginia)에서도 록펠러재단의 자금 600만 파운드를 지원받아 윌리엄스버그(Williamsburg)를 식민지시대의 모습으로 훌륭하게 복원시켰으며, 뉴욕시에서처럼 옛 모습의 가로를 따라 즐비하게 서 있는 옛 상가는 오히려 흥미로운 구경거리가 된다. 산업의 역사를 말해주는 전시물을 갖춘 공원 박물관도 설치할 필요가 있다. 창고 등과 같은 역사상 중요한 건물도 단지 노화가 되어 가는 임시 전시물로 생각하는 것이 아니라 여러 가지 모임 등이 있을 때에 적절하게 이용하는 것이야말로 그 본래의 역할을 달성할 수 있다.

▲ 티볼리 놀이공원

(자료: Wikipedia 사전에서, 역자)

캐어필리(Caerphilly)성은 최근 가까운 지역의 사람들이 적극적으로 이용해서 활기를 되찾았다. 이용자 중에는 젊은이들과 예술 애호그룹의 사람들도 있다. 주변 학교의 어린이들도 부지의 정비를 도왔다. 요즈음에는 사소한 파괴행위는 거의 볼 수 없다.

박물관과는 조금 다른 흥미를 주는 공원 중에 런던의 알렉산드라(Alexandra)궁전과 수정궁(Crystal Palace)이 있는데 교통만 편리해 진다면 이 궁들이 위치한 템즈강의 북쪽과 남쪽의 멋진 오락의 전당이 될 수 있다.

배터시공원이 유원지로서 가지는 결함의 하나는 버스나 지하철로 접근하기가 불편하다는 것이다.

공원디자이너는 언제라도 주민의 요청에 귀를 기울일 필요가 있다. 주민들은

▲비엔나의 플라터놀이공원

(자료: *Wikipedia* 사전에서, 역자)

원하지도 않는데 디자이너 마음대로 마치 주민이 원하는 것처럼 혼자서 결정을 내리지 않도록 주의해야 한다. 그럼에도 불구하고 두 도시의 기후가 거의 같은 1843년 8월 15일에 문을 연 코펜하겐의 티볼리(Tivoli) 놀이공원이나 비엔나의 프라터(Prater)공원은 시민들로부터 인기가 있는 장소로서의 잠재력이 높으나 배터시 공원이나 코니아일랜드(Coney Island)에서는 그것을 찾아볼 수 없다. 한때 티볼리공원 디자이너[4]는 복스홀(Vauxhall)공원에 대해 칭찬을 아끼지 않았다. 그러나 지금은 우리들이 그 찬사를 그 티볼리의 디자이너에게 그대로 되돌려 주어야 한다. 티볼리공원에서는 러시아의 바이올리니스트 오이스트라흐(Oistrakh)와 미국의 가수 세미 데이비스(Sammy Davis)의 공연이 몇 주간 계속되자 그 주변에 핫도그와 새우튀김을 파는 가게들이 모여들었다.

티볼리는 낮이나 밤에 보아도 아름답게 디자인되어 독특한 분위기를 가지며 특히 우리의 탄성을 자아내는 것은 복스홀공원식 풍선 띄우기, 폭포의 흐름, 불꽃놀이, 야외 판토마임, 17세기 영국화가 호가스(Horgarth)가 도안한 입장권 등이다. 또 티볼리의 놀이터에서는 여직원들이 무료로 어린이들을 돌봐주고 있다. 그 외에도 공원에서는 캬바레에서 발레, 무언극, 연주회 등으로 어른들을 편안하게 해주는데 비해서 미국 등에서 이와 유사한 공원에

▲ 런던공원에서 개최된 여름밤의 콘서트: 켄우드

4 게오르그 카스텐센(Georg Carstensen,1812-1857)을 말한다.

▲공원에 있는 박물관

서는 디즈니의 열기에 빠져 어린이에게만 놀이의 초점이 맞추어져 있다.

미국과 비교해서 부다페스트의 비담(Vidam)공원이나, 레닌그라드의 대중공원은 훨씬 어른 중심적이다. 비록 동유럽 각국도 미국과 같이 청교도주의(Puritanism)지만 이곳은 미국과 달리 가족동반 외출 시 미국만큼 어린이 중심인 것 같지는 않다. 그러나 (구)소련의 열차 중에는 여러 가지의 장난감을 갖춘 어린이전용 특별차량이 있었다고 한다. 헬싱키(Helsinki)의 리난마키(Linnanmaki)공원에서는 매년 자선축제를 열어 거둔 수익을 1950년 개장 이래 매년 6개의 어린이단체에 지금까지 4만 파운드를 기부하는 것과 같은 아주 훌륭한 생각을 실천하고 있다. 이와 같이 공원의 수익을 이용해서 놀이터 부족으로 고민하고 있는 지역에 아동 공원이나 놀이터를 조성하면서 아이들이 창조적으로 예술 활동을 위한 설비를 갖추어 주는 것도 좋다.

뉴욕에서는 자동차가 없는 날이 되면 여러 민족 집단이 길에 몰려 나와 시내 곳곳에서 축제가 벌어진다. 포장마차가 늘어서고 구경거리가 있고 밴드가 흥겨운 음악을 연주하며 활기에 넘친 축제를 연출한다. 유명한 여류 연극감독이었던 조안 리틀우드(Joan Littlewood)가 제창했던 런던 동부에 넓은 오락의 전당을 조성한다는 안은 아직 승인 받지는 못했고 아울러 제안한 런던 여기저기의 길모퉁이나 교차로 주변의 유휴지에다가 실험적인 예술 창작공간을 만들 것을 제안하기도 했다. 그녀는 아키텍츠 저널(Architects Journal)에서 다음과 같이 신중하게 권고하고 있다.

▲공원에 복원된 옛날 민가와 풍차, 네덜란드 잔담(Zahndam)

"길 모퉁이와 사거리에서는 유용하게 사용되고 있지 않는 토지가 눈에 띈다. 여기에 새로운 예술을 실현하는 장소를 만들어야 한다. 여러 전문 기술을 가진 사람들로 구성된 팀이나 그룹을 만들어 그 작은 땅에 무엇이 제일 필요한지를 결정해야 한다. 이 땅을 어디에나 있는 하찮은 장소에서 여러 가지 생각을 실험하는 장소로 바꾸는 것이다. 그 실험에 참가하는 사람들은 그 과정에서 관습 혹은 전문의 벽을 넘어 새로운 자신을 발견하는 훌륭한 체험을 할 수 있는 것이 분명하다."

1968년 런던 축제 때 그녀가 제안한 '모바일 축제(mobile fair)'는 당국의 허가가 나서 런던타워(the Tower)[5] 부근에서 사람들이 들어가 놀 수 있는 거인상을 만들었다. 또 AA건축학교 학생들이 직접 디자인한 우주여행 혹은 물속여행의 즐거움을 알게 해 주는 놀이공간과 섬유유리를 사용한 조립식 놀이공간도 만들었다. 그 밖에 가스를 주입한 인조구름과 바운싱 월(Bouncing Wall) 등도 사람들을 즐겁게 했다. 그 축제에서는 예전부터 음울한 회색거리로 알려진 런던의 스퀘어 마일

5 런던타워(Tower of London)는 센트럴 런던의 유서 깊은 건축물로 템스 강 북쪽 언덕 위에 있다. 공식 명칭은 여왕 폐하의 왕궁 겸 요새(Her Majesty's Royal Palace and Fortress)이다. 역사적으로 아무런 수식어 없이 그저 탑(영어: The Tower)이라고 부를 때도 있다(위키백과 참조).

(Square Mile)의 길을 따라 현대 조각 작품 130점이 전시되었다.

▲ 티볼리공원의 불꽃놀이: 코펜하겐

이러한 시도는 몇몇 도시에서 실천되어 예술을 미술관의 엄숙한 분위기로부터 해방시키고 아울러 예술이 시민의 일상생활과 직접 관계있는 것이라는 것을 보여준 정책의 아주 좋은 예다. 원래 전시회라든가 전람회는 예컨대 공항이나 역의 중앙 홀과 같이 사람이 모이는 장소에서 개최되어 지는 것이다. 예술이 많은 사람을 위한 하나의 수단으로 '공원의 파빌리온(Pavilions in the Parks)'을 이용하는 방법도 있다. 그것은 임시로 만든 공기주입식 구조물이지만 영화와 연주회 또는 조각이나 기타 예술품을 전시해도 좋고 시낭송회를 열어도 되며 간단하게 공원에서 공원으로, 길목에서 길목으로 이동이 가능하다.

이와 같은 신선한 예술의 흥겨움이 문화적 사각지대(cultural ghettoes)와 다름없는 뉴욕의 링컨센터(Lincoln Center)나 런던의 사우스뱅크(South Bank)지구 등에 도

▲ 일일예술가 코너

입될 필요가 있다. 뉴욕에서는 버스 영화관(Movie Bus)이 시를 순회하고 있는데 이 영화관에서 상영되는 영화는 10대에 의해 10대를 위해 만들어진 영화다. 쿠바에서는 대형트럭에 실린 영화무대가 각 지역을 돌고 있다.

물론 제일 바람직한 모습은 시민들 자신이 직접 창작활동에 참가할 수 있는 형태다. 공원 내에 점토나 초크, 그림도구, 종이, 캔버스 등을 준비하여 자작(自作, do-it-yourself) 예술가 코너를 마련할 수도 있으며 이것은 하이드파크의 스피커스 코너(Speakers' Corner)[6]와 아주 유사하다고 보면 되겠다.

6 영국 런던 하이드파크 북동쪽 끝에 있는 자유 발언대이다. 하이드파크가 대중에게 연설하는 장소로 인기를 얻자 1872년에 스피커스 코너를 설치하였다. 스피커스 코너에서는 누구든지 상자나 의자 위에 올라가 자신의 의견을 이야기 할 수 있다. 주제는 개인적인 내용부터 정치·경제·국제 문제·종교 등 무엇이든 가능하다. 단, 여왕과 왕실에 대한 발언은 할 수 없다. 또, 영국 국왕만이 스피커스 코너를 폐지할 수 있다(두산백과).

▲하이드파크의 스피커스 코너

(자료: *Wikipedia* 사전에서, 역자)

▲ 너니턴(Nuneaton)의 새로운 공원, 마크 미첼 설계

10
새로운 형태의 공원

'도시는 사람들이 아침 산책하기에 적당한 크기여야 한다.'

– 동요하는 무덤(The Unquiet Grave)[1]

만약 현존하는 공원의 평온함을 보존, 또는 확장시키기 위해서는 어린이와 스포츠 그리고 예술 활동을 위한 적당한 새로운 공간이 필요하다. 그러나 개발의 압박 받고 있는 오늘날의 도시 생활공간에서 그러한 장소를 어디에서 찾을 수 있을

1 동요하는 무덤(Unquiet Grave)은 영국작가 키릴 코놀리(Cyril Connolly, 1903-1974)가 1944년에 Palinurus(팔리누로스: 트로이(Troy) 편의 대장 아에네아스(Aeneas)의 군선(軍船)의 키잡이)라는 필명으로 쓴 문학 작품집. 이 책은 경구(警句), 인용문, 향수를 불러일으키는 사색 그리고 정신적 탐구와 같은 글로 이루어져 있다고 한다. "No city should be too large for a man to walk out of in a morning."도 이 책의 인용문 중의 하나이다(역자).

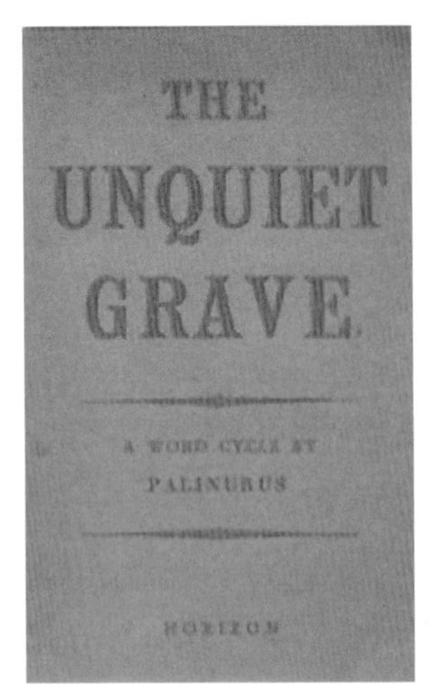

◀ 동요하는 무덤
(자료: Wikipedia 사전에서, 역자)

까? 유감스럽게도 새로운 형태의 공원은 별로 보이지 않는다. 뉴캐슬(New Castle)의 센트럴파크보다 넓은 타운무어(Town Moore)지역과 런던의 리벨리(Lee Valley)가 시민들의 새로운 레크리에이션을 위한 개발지역으로 선정되었으나, 대부분 도시들은 미래를 위해 새로운 시설을 첨가하지 않고 과거의 유산인 기존의 공원을 복잡하게 이용만 하고 있을 뿐이다.

▲ 뉴캐슬(New Castle)의 타운무어(Town Moore) 지역
(자료: Wikipedia 사전에서, 역자)

영국정부는 2차 대전 후의 재건기와 불량주택지구의 슬럼을 일소하던 시기에 상상력이 풍부한 계획을 세울 수 있는 기회를 놓쳐버렸다. 오랜 기간 새로운 공원의 증가 비율은 인구의 증가 비율보다 높을 때가 없었다. 레크리에이션 수요가 급속히 증가하고 있는 것에 대한 고려가 전혀 없었다. 예를 들면 현재 일리노이(Illinois)주의 인구가 미국 전체의 5%인데 비해서 레크리에이션을 위한 부지는 단지 0.05%에 불과하다. 따라서 건물이 전혀 없는 부지를 오픈스페이스로 바꾸는 것도

▲런던의 리벨리(Lee Valley)에서의 새로운 레크리에이션

(자료: *Wikipedia* 사전에서, 역자)

고려되어야 하며, 건물이 아직 세워지지 않는 기존 부지의 어메니티(Amenity)[2]를 향상시킴으로서 레크리에이션용 부지의 부족을 채우는 한 가지 방법이 될 수 있다.

새로운 법률에 의하여 잉글랜드와 웨일즈는 125만 에이커의 공유지를 활용할 기회가 생겼다. 그린벨트가 지닌 가능성은 매우 피상적으로 실현되고 있는데 그 예로 현재 런던이 가진 그린벨트의 겨우 20분의 1만이 레크리에이션 용도로 이용되고 있을 뿐이다. 런던이 가진 그린벨트 내 40,000 에이커의 토지를 개발했

2 어메니티(Amenity)는 환경보전, 종합 쾌적성, 청결, 친근감, 인격성, 좋은 인간관계, 공생 등의 여유(경제성, 문화성 등), 정감(환경성, 쾌적성 등), 평온(안전성, 보건성 등)이라고 하는 다양한 가치개념에서 접근하여 왔으며, "인간이 살아가는데 필요한 종합적인 쾌적함"이라고 할 수 있다. 즉, 인간과 환경의 만남에서 일어나는 장소성에서부터 심미성에 이르기까지 매우 다양하고 복합적인 개념을 지니고 있다. 최근에는 가치 지향적 어메니티에 대한 관심이 커지면서 시장접근방식이 논의되고 있고 공공재적 가치 개념에 따라 직접지불제의 대상으로 확대되고 있다(위키백과).

▲북 켄싱턴지역-런던에도 이처럼 공원녹지가 없는 이런 넓은 지역이 있다.

다면 그와 같은 40,000에이커 규모의 새로운 공원을 도시 내에 만들어야 한다는 안이 제안되었다. 어쨌거나 좀 더 적극적인 계획에 의해 그린벨트 내의 토지에 어메니티와 레크리에이션의 활용도를 증가시켜야 한다. 런던에 있는 국방성 보유지 3,700에이커, 보건사회보장성 보유지 4,200에이커 등을 포함하는 사용되지 않고 남아있는 유휴지들은 반드시 오픈스페이스 자원으로 남겨두어야 한다. 그리고 종합병원, 정신병원 등이 소유하고 있는 토지 중에서 일부를 지역 사회와 공동으로 이용한다면 이것은 서로에게 일거양득이다. 런던의 몇몇 형무소는 좀 더 근대적인 건물을 갖춘 도심부에서 떨어진 곳으로 이주를 했다. 현재 런던 도심부 83에이커[3]를 5개의 형무소가 차지하고 있는데 특히 이즐링턴(Islington)지역의 팬톤빌(Pentonville)과 할러웨이(Holloway)형무소 부지는 주택지와 공원을 위해 필요하다. 또한 오늘날 영국에는 2차 대전 전에는 단지 22만 5천 에이커에 불과하던 군용지가 145마일에 달하는 해안선을 포함 현재는 70만 에이커의 토지를 군대가 사용하고 있다. 레크리에이션은 토지 이용 면에서 언제나 신데렐라(Cinderella)[4] 즉 진가를 인정받지 못하는 물건 취급을 받아왔다.

유휴지라는 용어를 어떻게 정의하느냐에 따라 다르겠지만 영국의 경우 유휴지라는 이유로 버려진 토지는 15만~25만에이커 정도이다. 그 중에는 도시인구 밀집지역의 땅이 적어도 36,000에이커 포함되어 있으며, 그 숫자가 1년에 3,000에이커 이상씩 증가하고 있다고 한다. 런던의 빈민가인 포터리즈(Potteries)지구 한 곳만 하더라도 9,000에이커의 유휴지가 있음에도 불구하고 이 지역이 레크리에이션용 토지가 부족하다는 말은 변명의 여지가 없다.

1966년 이래로 중앙 정부는 유휴지 개선사업비용을 85%를 인상해서 개발지정 지역에는 50%의 정부보조금을 지급했지만 레크리에이션용으로 재개발된 토지의 면적은 영국 전체에 연간 2,000에이커에도 못 미치고 있는 실정이다. 많은

3 1에이커=4.047㎡=0.004047㎢
4 For years radio has been the Cinderella of the media world: 라디오는 수년 동안 언론계의 신데렐라 신세였다.

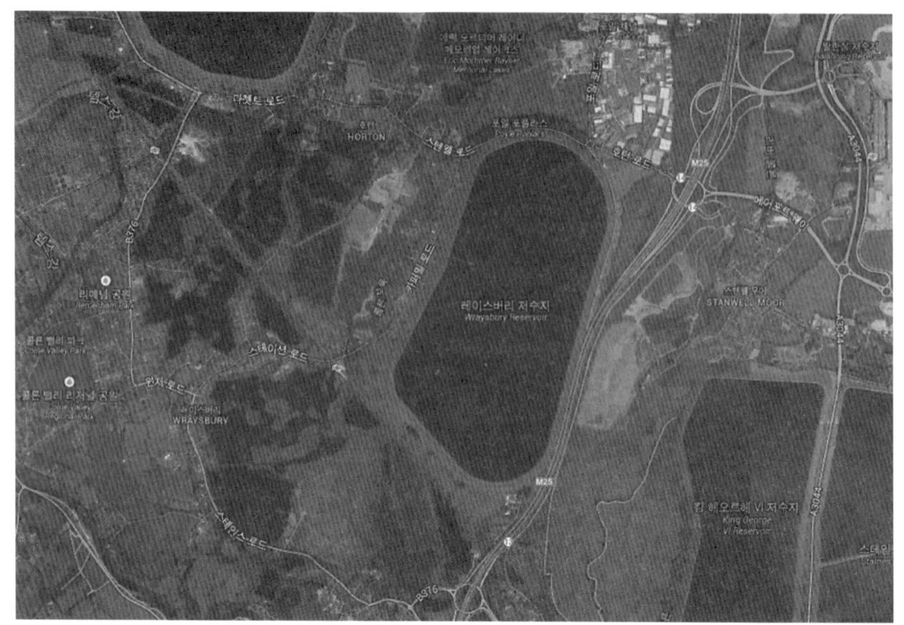

▲ 뤠이스베리 저수지의 모습

(자료: *Wikipedia* 사전에서, 역자)

유휴지에 물을 채워 레크리에이션용으로 뿐만 아니라 저수지로도 이용할 수 있었다. 그랬다면 오염되지 않은 습지나 계곡을 다른 개발에 사용하지 않고 보존할 수 있었을 것이다. 일찍이 언급되었던 한 예로서 습지대와 자갈 채취장을 호수로 변화시킨 뤠이스베리(Wraysbury)의 개발은 영리 사업으로 큰 성공을 거두었다. 하지만 만약에 이곳을 일반인들에게 개방하지 않고 몇몇 요트클럽에게만 이곳 사용을 허가하였더라면 매우 유감스러웠을 것이다.

경관컨설턴트(Landscape consultant)인 고든 쿨렌(Gordon Cullen)[5]은 석탄이나 석회암 등을 굴착한 후의 단조로운 지형 위에 자갈을 세척하고 나서 남은 토사(Silt)를 잘 이용하여 관목과 갈대를 심는다면 그 곳의 경관을 개선시킬 수 있다고 제안

5 고든 쿨렌(1914-1994)은 영국의 건축가, 도시계획가 그리고 경관 컨설턴트였다. 그의 유명한 저서로는 1961년에 쓴 〈Town Scape〉가 있다. 죽기 전에 이 책의 새로운 버전인 〈The Concise Townscape〉를 남겼다.

▲ 소치밀코(Xochimilco)수변공원의 멕시코 전통 음악을 연주하는 마리아치(mariachi) 가두 음악대
(자료: *Wikipedia* 사전에서, 역자)

했다.

6세기 전엔 석탄 채굴장이었던 스타포드셔(Staffordshire)의 체이스워터(Chasewater)는 지금은 유명한 수변공원으로 변했으나 이처럼 잘 활용되지 못하고 있는 석회질로 된 암석 채석장, 슬레이트 채석장, 그리고 템즈 강 어귀의 켄트(Kent)주에 있는 백색 연토질 석회암 채석장 등과 같은 지역들이 다른 곳에도 많다. 피크국립공원(Peak District National Park)에 있는 저수지 60개 중에서 레크리에이션에 이용되는 것은 7개에 지나지 않는다. 국립공원 내의 강어귀를 조금 바꾸기만 해도 물이 있는 공원과 없는 공원 등 다양한 공원의 모습을 제공할 수가 있다. 그린벨트에다 블루벨트(Blue belts)를 첨가할 수 있으며, 블루벨트가 제공하는 갯벌은 수영과 낚시, 뱃놀이 등을 할 수 있으며 알맞게 손을 좀 보면 백조와 물새의 서식처로도 제

▲ 캠브리지대학의 뒤편 캠강(River Cam) 둑에 위치한 더 백(The Back)의 일부가 왼쪽에 보인다. 멀리 보이는 것이 클래어 칼리지와 클래어 다리다.

(자료: Wikipedia 사전에서, 역자)

공될 수 있다.

이러한 호수공원을 제외하면 영국에서 훌륭한 물이 있는 정원을 찾기는 힘들다. 그러나 멕시코의 소치밀코(Xochimilco) 호수공원에서 멕시코 전통 음악을 연주하는 마리아치(mariachi) 가두 음악대와 시장 등은 수변공원이 어쩌면 이렇게 활발할 수 있는 지를 생생하게 보여준다. 또한 일본은 지금 태평양 연안에다 해양수중공원을 만들고 있는데 여기에는 밑바닥이 유리로 된 배와 수중 전망대, 수중 레스토랑이 있고 야간 수중조명시설도 갖출 것이라고 있다.

미래의 공원으로 사용할 부지를 물색할 경우 비록 장래성이 없는 토지라 해도 무시해서는 안 된다. 샌프란시스코의 골든게이트파크(Golden Gate Park)의 녹지 1,117에이커도 처음에는 모래언덕이었던 곳을 개발한 것이다. 캠브리지대학의 뒤편 캠강(River Cam) 둑에 위치한 더 백(The Back)이라고 불리는 아름다운 녹지도 중

▲파리의 뷔트 쇼몽공원

(자료: 역자 제공)

세의 잡석을 쌓아 축조한 것이다.

이것은 마치 헤크니습지대의 축구장을 2차 대전 후에 런던의 공습 이후에 생긴 두께 3미터의 잡석 위에 조성된 것과 같은 모습이다. 어떤 도시에도 원하기만 한다면 공원 내에 선사시대에 만들어진 실버리 힐(Silbury Hill)과 같은 언덕 정도를 만들기엔 충분한 잡석과 흙이 있다.

예를 들면 독일 베를린에서 2차 대전 후에 3,000만㎥의 잡석을 사용해서 시내에 레크리에이션용 언덕을 만들었다. 프랑스의 나폴레옹 3세는 1864년에서 1867년까지 이전엔 하수구였으며 석고작업장이었던 파리의 한 구획을 뷔트-쇼몽공원(Buttes-Chaumont Park)이라는 로맨틱한 작품으로 변모시켰다. 현재는 공원의 주변에 높은 건물이 보임에도 불구하고 시의 중앙부에서 현실을 망각할 수 있는 환상적인 오페라 무대 장치를 만들었는데 이것은 마치 현대생활에서 인간을 유혹하는 문과 같다고 한다.

▲유휴지: 랭카셔(Lancashire)지역 원래 모습

▲바뀐 후의 모습

아비뇽(Avignon)에 있는 교황이 머무는 궁전의 화려하고 작은 공원 부지도 도로 공사 후 나오는 흙으로 매립하기 전에는 바위투성이였다. 뉴욕의 배터리파크(Battery Park)도 1879년 인공지반 위에 조성되었다. 런던의 바테시공원은 런던 선착장 강바닥에서 건져 올린 흙을 사용하여 템즈강의 습지대에 조성되었다. 공원 내에 있는 언덕도 공원자체의 호수를 만들기 위해 굴착한 흙과 런던의 벨그라비아(Belgravia)지역의 큐빗(Cubitt)이라는 새로운 주택지 조성 때에 생긴 흙을 사용해서 만든 것이다.

토양 운반 기술과 토양 조성 방법은 버려진 땅의 가능성을 이용할 수 있게 했다. 뉴욕의 광대한 1,200에이커[6]의 플러싱메도우공원(현재 정식명칭은 Flushing Meadows-Corona Park이다)도 처음은 조수의 간만이 있는 늪지와 쓰레기장[7]을 정비하

6 2013년 측량결과 897에이커로 밝혀짐.
7 F. Scott Fitzgerald의 소설 〈위대한 케츠비, The Great Gatsby〉에도 "이곳을 쓰레기의 계곡(a valley of ashes)"으로 묘사하고 있다. 이곳은 뉴욕에서 네 번째 규모의 큰 도시공원이며 원래 1939/1940 뉴욕만국박람회를 위해 조성되었고 1964/1965에도 뉴욕만국박람회를 이곳에서 개최했다. 여기에는 USTA Billie Jean King National Tennis Center가 있는데 최근 U.S. Open을 개최했고, 야구팀 뉴욕 메츠의 홈구장인 Citi Field, the New York Hall of Science, the Queens Museum of Art, the Queens Theatre in the Park, the Queens Wildlife Center, 그리고 the New York State Pavilion 등이 위치하고 있다(역자, 위키피디아 참조).

▲ 하수도에서 공원으로 변한 파리의 뷔트-쇼몽공원

▲ 뷔트 - 쇼몽공원의 현재 모습

(자료: 역자 제공)

▲탄광지대의 석탄 찌꺼기, 영국의 더람(Durham)

▲수목이 식재된 구릉지로 바뀐 탄광지대

여 조성되었다. 또한 뉴욕시는 현재 자메이카 만의 15,000에이커를 자연 보호 지구로 변경하는 사업을 수행하고 있다. 더람(Durham County)지역의 윌밍턴(Wilmington)에는 높이 190피트의 언덕을 넓이 30에이커의 초원으로 변경시켰다. 완전한 토지 개량을 위한 비용이 1에이커 당 700파운드인데 비해 외관만 개선시킨다면 1에이커당 50~100파운드 정도가 든다.

한 때는 채석과 준설로 만들어진 울퉁불퉁한 경관을 언제나 평평하게 다듬어야 한다고 생각했지만 오히려 수목이 무성한 고갯길이나 구릉이 있는 풍경을 훨씬 싼 비용으로 조성할 수 있다.

도시 내의 폐물로 변한 철도와 도로, 전차 선로, 운하와 수로 등을 이용해서 비록 디자인에 있어 제한은 조금 있지만 많은 사람들이 쉽게 이용할 수 있게 비교적 간단하게 조성한 공원이 바로 선형공원(Linear Park)다. 더구나 이런 공원은 더욱 면적이 넓은 공원녹지를 서로 연결시켜 공원이용자들을 위한 녹색통로로서 매우 가치가 있다.

이용할 수 있는 버려진 땅이 조금도 없다면 건물의 지붕 위에 공원을 조성할 수 있다. 이 집의 옥상도 위대한 조경가 브라운(Lancelot Brown)이 늘 이야기하던 것처럼 '커다란 가능성(great capabilities)'을 가지고 있다.

이집트의 옛 수도였던 푸스타트(Foustat) 시가지처럼 가옥이 빽빽하게 밀집되어 있는 지역에 있는 모든 집의 지붕 위에는 과수를 재배했고 정원을 만들었다고 한다. 토니 사우다드(Tony Southard)가 지적했듯이 요즈음 도시에 사는 사람들 중에는 그들의 집이나 사무실에서 시가지를 내려다보는 숫자가 증가하고 있다고 한다. 1938년 데리(Derry)와 톰스(Toms)의 백화점에 조성되어진 옥상정원은 큰 나무도 뿌리를 내리고 잘 자랄 수 있음을 보여 주었다. 위에서 내려다보는 건물이 없는 교통지옥의 상공에 조성된 몇몇 옥상정원에서의 그 조용한 느낌은 시골 정원과 다를 바 없다. 그리고 나뭇잎의 실루엣과 함께 낮은 장소에 위치한 옥상정원도 도시 속에서 관심을 끌만한 시각적 즐거움을 제공한다.

코네티컷(Connecticut)주 하트포드(Hartford)에는 주차장과 서비스 지구 위쪽에

▲데리 & 톰스의 백화점 건물과 옥상정원의 모습

(자료: Wikipedia 사전에서, 역자)

있는 4에이커의 보행자전용 지구에 키작은 나무를 심었다. 또한 캘리포니아(California)의 오클랜드(Oakland)의 카이저 센터(Kaiser Center)의 옥상에는 연못과 잔디와 수목이 있는 소공원을 만들었다. 스위스 베른(Berne)의 그로세 산츠(Grosse Schanze)라는 철도역 위에는 옥상정원과 그곳의 수목을 보면 런던의 유스턴(Euston)역의 넓고 평평한 옥상과 층이 낮은 최근에 지은 학교 건물 옥상과 공항의 옥상도 관심의 소홀함으로 인해 쓸모없게 되고 말았음을 알 수 있다. 더구나 이런 곳에 사람들의 휴식을 위한 장소가 꼭 필요함에도 말이다.

▲옥상의 가능성, 런던의 데리 앤 톰스 옥상정원

일본이나 미국에서도 맨해튼 중심부에서 오아시스의 역할을 하고 있는 브라이언트파크(Bryant Park)와 같이 부지의 규모에 비해서 훨씬 그 가치가 높은 소공원에 대해 이해하게 되었다. 그래서 공간이 제한된 몇몇 도시들은 일본풍의 작은 정원의 조성을 고려하고 있다.

1838년 흄(Hume)은 하원에 의해 제안된 엔클로저(Enclosure) 조례에 따르면 근린지역 사람들의 운동과 레크리에이션을 위해 적절한 규모의 오픈스페이스를 제공하도록 규정하는 결의안이 가결되었는데 오늘날 건설되는 주택단지의 대부분은 당시의 요구에도 못 미친다. 예를 들면 노팅엄(Nottingham) 외곽에 있는 클리프턴(Clifton)의 대규모의 주택단지에는 오픈스페이스가 매우 부족하지만 맨체스터(Manchester)시 하이드(Hyde)근처에 있는 해터슬리(Hattersley)는 최근 과잉개발이 진행되었지만 그 개발의 중심부에 있는 50에이커 규모의 골짜기는 자연이 풍부한 소풍장소로 남아 있다.

'여가' 혹은 '샬레(chalet)'[8]식 주택정원의 개발도 여러 가지 비판을 받고 있는 하나의 아이디어인데, 이것은 독일, 네덜란드, 스칸디나비아에서 매우 인기가 있으며 현재 카디프(Cardiff)에서 시도되고 있다. 그런 종류의 정원은 보통 인구 밀집 지대의 주변부에 위치하며 40 내지는 400구획으로 나누고 각각의 구획에 샬레풍의 별장을 만들어 지방자치단체에서 도시의 가정에 매매하거나 임대해 준다. 로테르담(Rotterdam)에서는 별장과 복합 레크리에이션 단지를 결합하고 여기에 어린이들의 놀이와 스포츠를 위한 구역을 포함시켰다.

▲스위스 전형적인 샬레주택
(자료: *Wikipedia* 사전에서, 역자)

영국의 주말농장 얼랏먼트(Allotments)처럼 샬레의 정원은 경관을 향상시키기 위한 것이 아니라 이곳은 특히 플랏(Flat)이라 불리는 영국식 아파트에 사는 사람들의 욕구를 만족시키고 아울러 그들에게 커다란 즐거움을 준다. 또한 그들이 직접 나무를 심거나 하여 그 주위를 녹화시킬 수도 있다. 함부르크에는 600에이커나 되는 주말 주택이 있는데 그 주택은 자갈 채취장을 개량한 토지 위에 성공적으로 조성한 산림과 조화를 잘 이루고 있다.

오늘날 영국은 25,000에이커 이상의 토지가 공동묘지로 점유되어 있으며 그 넓이도 1년에 약 500에이커 이상 증가하고 있다.

문명의 변천을 메트로폴리스(Metropolis), 메가폴리스(Megapolis), 티라노폴리스(Tryannopolis), 네크로폴리스(Necropolis)와 같은 도시의 연속과정으로 설명했던 루이

8 특히 스위스 산간 지방의 지붕이 뾰족한 목조 주택.

스 멈포드(Lewis Mumford)는 묘지를 철거하고 남게 될 토지를 공원으로 변경시키고자 주장을 했다. 역사상 처음은 아니지만 그의 지적은 죽은 자에게는 충분하게 지급되고 있는 생활필수품이 살아있는 사람에게는 제대로 분배되지 못하고 있다는 것이다. 미국에도 50만 에이커의 토지가 공동묘지로 점유되어 있고 매년에 수천 에이커가 증가하고 있는데 공동묘지의 전부가 시가지 내에 있거나 아니면 그 근처에 있다. 이것을 다 합치면 도시공원 전체의 면적과 같다고 한다. 현재 리버풀과 맨체스터 혹은 런던시의 몇몇 지역과 그 밖의 오래된 영국의 도시의 경우 공동묘지에 있는 사람의 숫자가 그 지역에 살고 있는 주민의 수보다 더 많다고 한다. 또한 광역 런던(Greater London)에는 3,120에이커의 토지가 공동묘지로 사용되었고 490에이커가 매장용 토지로 쓰기 위해 남겨 두었다. 뉴욕의 퀸스(Queens) 지구에는 오픈스페이스의 대부분을 공동묘지가 점유하고 있다.

몇몇 공동묘지는 낭만적 공원의 형태에 기여한 것도 있는데 건축비평가 이안 네이른(Ian Nairn)이 '으스스한 분위기의 묘지석에 공원이 아주 부드럽게 잘 융화된 예'라고 묘사한 하이게이트(Highgate)의 유명한 묘지[9]가 그것 중 하나다. 또한 1827년 리버풀의 세인트 제임스묘지정원(St James Cemetery Garden)은 1825년에 사용 중지된 채석장에 놀랄 만큼 커다란 신고전주의(neoclassicism)[10]풍의 경사로와 지하도, 지하묘지를 만들었는데 이곳은 후에 어린이들의 자연적인 모험놀이터로 사용되었으나 현재는 관공서의 관리하에 들어갈 위험에 처해 있다.

사람들의 관심에서 멀어진 어떤 공동묘지는 마지막 매장이 있은 지 50년 후에 공원녹지로 변모하였다. 뉴욕의 유명한 워싱턴광장(Washington Square)은 원래 10,000명의 고인들이 매장된 공동묘지였는데 그 보다 앞서 여기는 런던의 마블아크(Marble Arch)나 프라하의 로레타 광장(Loreta Square)처럼 죄수들의 처형장이었다. 이러한 장소가 오픈스페이스의 또 다른 개발 가능지로서 활용될 수 있는 것에 대

9 칼 마르크스(Karl Marx)의 묘지석이 있다.
10 18세기 후기부터 19세기 초에 걸쳐 유럽·미국 및 많은 유럽 식민지에 보급된 건축 양식; 그리스 고전 건축 양식을 모범으로 삼아 단순하고 힘차며, 기하학적인 구성이 특징이다.

해 우리는 기뻐해야 한다. 왜냐하면 사람들은 이런 곳에는 건물 짓기를 꺼려하기 때문이다.

런던에는 타워 햄릿(Tower Hamlets) 묘지 29에이커와 버천 그로브(Birchen Grove) 18에이커도 공원녹지로 새롭게 만들었는데 켄살 그린(Kensal Green)도 곧 그 뒤를 따라 공원으로 조성될 것 같다. 예를 들면 런던의 중심부에서 5마일도 채 떨어지지 않은 곳에 있는 메이페어(Mayfair)의 오픈스페이스와 비슷한 52에이커 규모의 눈헤드(Nunhead) 묘지는 오랫동안 잡초가 무성하고 폐허가 된 채로 늘 문이 잠겨져있다.

세인트 팬크라스(St. Pancras)는 오래된 교회 묘지를 철도역으로 바꾸어 교통천국으로 만든 좋은 본보기이다. 영국 의회가 제정한 일반 수권법(General enable Act)[11]에 의해 토지 전용의 절차도 이전에 비하여 간단해졌다. 이전에는 개별법(Individual Act)을 따랐는데 이 법에 따르면 어떤 묘지를 공원녹지로 전용할 경우 묘지 소유자의 자손을 하나하나 끝까지 추적해야 하는 지겹고 짜증날 정도로 끝없이 계속되는 노력을 계속해야 했다. 대략 100명을 화장시킨다면 영국에서는 적어도 1에이커 미국에서는 그 이상의 토지를 절약할 수 있다. 화장을 할 경우에 장례비용을 무료로 하는 형태의 보조금을 지급하여 전원지대가 대리석비와 화강암묘석으로 뒤덮이는 것을 막아야 한다(보조금이 없을 경우에 매장 비용은 평균 30파운드인데 비해 화장의 경우 9파운드가 든다. 1967년 영국에서 행했던 장례식 중 49%가 화장으로 매장의 비율이 높았으나 런던에서는 화장의 비율이 55%였다. 더욱이 화장은 현재 로마 가톨릭 교회에서도 공식 인정되어 연간 대략 2%씩 증가되고 있다).[12]

이슬람 국가에서는 매장의 경우 기독교 국가들보다 토지이용에 있어 약간의 장점을 가지고 있다. 왜냐하면 이슬람 국가에서는 시체를 땅속에 수직으로 매장하여 묘지가 점유하는 토지가 적게 든다. 만약 지중해 지방에서 행하는 것과 같이

11 행정부에 주요한 국가적 문제의 약간 또는 전부의 해결을 위한 긴급법의 제정권이 부여되는 경우를 '수권법(enabling act)'이라고 한다(두산백과).

12 우리나라도 매장문화에서 화장문화로 바뀌고 있는 추세다. 통계청의 2012년 사회조사에 따르면 장례 방법은 전체 응답자의 83.6%가 화장을 원했고 매장을 선호하는 비율은 17.2%에서 14.7%로 감소했다. 서울신문 검색(http://www.seoul.co.kr/news/newsView.php?id=20131205008006) 통계청 2013년 사회조사 결과.

▲오래된 묘지 내에 있는 리버풀공원

벽안에 묘지를 몇 개 쌓아 올리는 습관을 채택한다면 더욱 많은 토지를 절약할 수 있다.

토지 획득 경쟁이 격렬하게 일어나는 곳에서는 토지의 다각적인 이용을 위한 계획을 수립해야 할 필요가 있다. 미국의 테네시 강 유역 개발공사(T.V.A)는 전력 공급과 레크리에이션의 확보라고 하는 두 가지 요구를 조화시킨 선구적인 예다. 영국은 볼랜드(Bowland) 숲, 스노도니아(Snowdonia) 지방과 요크셔(Yorkshire) 지방의 일부지역 중 가장 아름다운 몇몇 곳은 불행하게도 사람의 접근을 금지하고 있으나 그리즈데일(Grizedale) 숲과 데드(Dead) 숲의 예에서 보듯 농업이나 임업이 레크리에이션과 잘 공존하고 있다. 인도의 저명한 무신론자인 고라(Gora)는 델리공원(Delhi Park)의 장식용 식물을 뽑아 버리고 대신 야채를 심었다. 잉글랜드 동부의 첼름스포드(Chelmsford)시에서도 시내의 한 공원에 크리켓 배트용 버드나무를 심었다. 많은 도시들의 버려진 지역과 공습으로 파괴된 지역에 유실수를 심어서 그 땅을 개수하는 비용에 기여할 수 있다. 골프장도 계속해서 조성되고 있지만 그것도 단지 골프장으로서 골프를 즐기는 스포츠기능 외에도 조림 즉 수목을 육성하는 장소로 활용한다든지, 또는 경관을 향상시키는 기능을 조합할 수 있다. 삼림공원의 캠프장을 대도시 녹지대에 같이 조성할 수도 있다. 삼림은 많은 사람들을 끌어모으는데 매우 좋으며 도로로부터 사람들을 분리시켜 흡수하는 역할을 한다.

영국에서는 도시의 자치단체를 포함한 지방정부에게 여러 가지 형태의 전원공원을 조성할 수 있는 권한을 컨트리사이드 법(Countryside Act)을 통하여 부여하고 있다. 더구나 조성비용의 75%는 전원 위원회의 보조금에 의해 지원을 받는다. 그러한 공원이 만약 도심에서 될 수 있는 한 가까운 장소에 조성될 수 있다면 두 배의 가치가 있을 것이다. 바로 최근 오순절 주말(Whit weekend)에는 내셔널 트러스트(National Trust)가 관리하는 클럼버공원(Clumber Park)에 10만을 넘는 사람들이 밀어 닥쳤는데, 그 공원은 셰필드와 노팅엄 사이에 있으며 이전에는 어느 공작의 소유지였다.

또한 200에이커의 토지를 확보하여 피크닉용 부지와 주차장을 갖춘 23개소의 오픈스페이스를 조성하여 공급하고 있는 햄셔(Hamshire)주 의회는 오픈스페이스를 공유화 할 것을 강력하게 주장해 왔다. 의회는 "(오픈스페이스의) 공유화는 사회적인 요구이며, 충분히 정당화되었다."고 주장했다. 왜냐하면 미래에는 사람들이 좀 더 멀리 여행을 가려할 것 같고 행선지의 선택도 매우 까다로울 것 같기 때문에 몇몇 지방자치단체끼리 그들의 오픈스페이스 자원을 서로 공동출자하여 개발하는 것이 바람직하다. 예를 들면 맨체스터(Manchester)에서 볼턴(Bolton)에 걸쳐있는 여러 지역의 주 의회는 그롤(Groal)과 어웰(Irwell)계곡의 10마일을 따라 공동으로 선형공원(linear park)을 만들어 운영하는 것을 고려하고 있다. 최근 조사에서 알려진 바에 의하면 지난 일요일에 런던의 자동차 소유자의 4분의 1이 자동차로 여행을 했다고 한다. 실제로 런던의 경우 193km 떨어져 자동차로 접근하는데만 몇 시간이나 걸리는 피크 디스트릭트국립공원(Peak District National Park)이 런던에서 가장 가까운 유일한 국립공원이다. 영국의 도로는 미국과 캐나다에 있는 몇몇의 도로나 프랑스 파리 남쪽에 새로 생긴 주요 도시를 연결하는 고속간선도로에 마련된 자동차캠핑장의 기준을 참고하기 전에 해야 할 일들이 많다. 먼저 '자석(magnet)'공원 혹은 '꿀단지(honey pot)'공원 등과 같은 흡입력이 있는 공원을 가능한 한 대도시의 가까운 지점에 연결하여 조성해야 한다. 그러면 휴일에 한꺼번에 사람과 자동차가 몰리는 혼잡을 줄이고 영국의 주요 레크리에이션장이 밀집해 있는 해안으로 통하는 도로에서의 교통체증을 완화시켜 준다.

1985년 런던의 유일한 지역공원이 될 리 밸리지역공원(Lee Valley Regional Park)[13]이 완성되면 주말 방문객이 100만 명에 이를 것으로 예상된다. 그 공원은 런던의 두 번째로 긴 강이며 현재는 보기 흉한 형태로 있는 리 강 유역 일대의 6,000에이커(현재 실제 개발면적은 10,000 에이커에 이른다)가 넘는 가늘고 긴 토지(약 42km)에 각종 레크리에이션 시설을 조성하려고 계획하고 있다. 예를 들면 그 공원 내의 계획되고 있는 레크리에이션 센터 중의 하나인 피케츠 록(Picketts Lock)에는 스포츠 홀, 스케이트장, 옥외 수영장 골프장, 조명시설이 갖추어진 전천후 경기장, 사우나와 레스토랑 등이 만들어질 예정이다.

도시학자 아버크롬비(Sir Leslie Patrick Abercrombie)는 리 강 계곡에 그의 '녹의 쇄기(green-wedge)' 구상을 실현할 기회가 있을 것으로 보았다. '녹의 쇄기(green-wedge)'라는 것은 전원 지대를 도심부 쪽으로 손가락 형태로 진출시킨다는 구상으로서 벨기에의 수도 브뤼셀(Brussels)의 꺵브흐삼림공원(Bois de la Cambre)이 그 좋은 예다. 비슷한 형태인 리(Lee)계곡과 서 요크셔지방의 콜른(Colne)계곡공원 개발계획은 뉴캐슬의 타인(Tyne)과 트렌트 계곡(Trent Valley)의 연담화[14]에 유용할 것이다.

13 Lee Valley Regional Park는 영국의 첫 번째 지역공원(regional park)이며 런던 동쪽의 템즈 강에서 허포드지방(Hertfordshire)의 웨어(Ware)까지 총연장 42km에 이른다. 1967년에 의회에 의해 승인된 이 지역공원은 런던(London), 허포드지방(Hertfordshire) 그리고 에섹스(Essex)지역 사람들의 레크리에이션, 레저 그리고 자연보전 등의 요구를 만족시키기 위해 조성되었다.

14 연담화란 중심도시의 팽창과 시가화의 확산으로 인하여 주변 중소도시의 시가지와 서로 달라붙어 거대도시가 형성되는 현상을 의미함.

많은 사람들에게 인기가 있는 '꿀단지(honey-pots)' 공원에서는 평화로움과 조용함을 누리기 위해 찾아오는 사람들을 위해서 다른 공원에서와 같은 고독감을 지켜주는데 도움을 줄 것이다. 새로운 도로의 개설로 인해 수백만의 자가용 족들이 요크셔 골짜기와 코니시(Cornish)해안, 영국 북서부의 호수국립공원(Lake District National Park)과 같은 장소에 쉽게 갈 수가 있어서 그러한 곳들은 이제 포화점에 도달하고 있다. 고속도로 시스템이 완성되면 500만의 사람이 한 시간 이내에 데일즈(Dales National Park)국립공원에 갈 수 있고, 두 시간 이내에 1,600만의 사람이 방문할 수가 있다. 현재 독일 도로의 자동차 수는 1.6km(1마일) 당 48대, 이탈리아는 45대다. 만일 영국에 있는 자동차가 전부 도로에 나오게 된다면 각각의 자동차가 소유하는 도로의 길이는 10m(11야드)지만 1980년이 되면 그보다 더 짧은 6.4m(7야드)가 될 것이다. 이러한 상황에 대응하기 위해 도로를 더 많이 건설한다면 그 대신 우리가 방문할 수 있는 훼손되지 않은 전원지대는 줄어들 것이다. 하지만 새로운 공원은 해안에서의 교통체증을 완화시키고 또한 도시에서 벗어나고 싶은 외향적인 충동에 대처하는 수단으로 건설하게 될 새로운 고속도로보

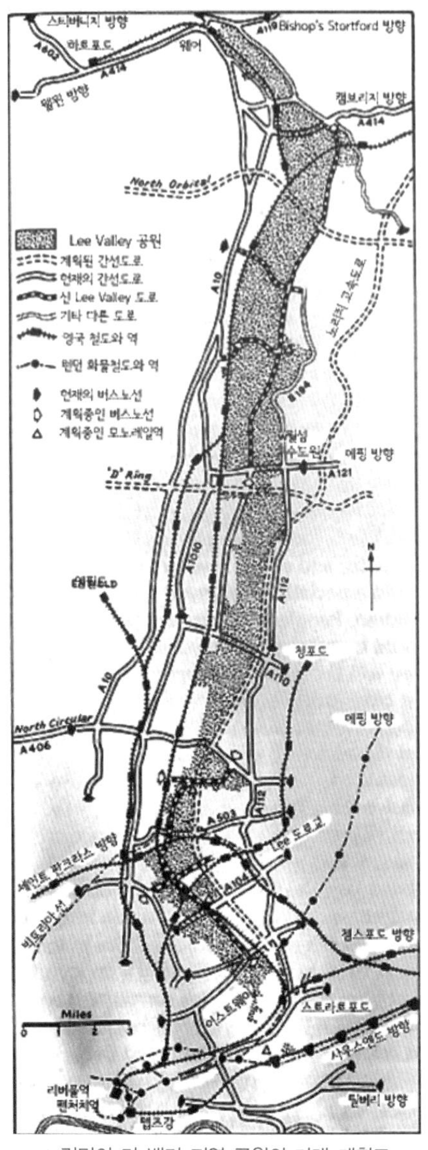

▲런던의 리 밸리 지역 공원의 미래 계획도

다는 비용이 적게 든다. 북미 대부분의 도시 부근에는 지역공원(regional park)이 있다. 미래에 예상되는 교통량의 증가로 인해 매년 도시 주민들이 찾을 수 있는 보존된 전원지대는 줄어들 것이다.

시골에서는 우리들을 유혹하는 조용함, 건초더미, 수목, 작은 강의 얕은 여울과 폭포, 피크닉과 탐험 장소, 촌락의 크리켓, 그리고 동네 술집(pub)과 같은 전원생활의 장점이 가능하다면 그것을 우리들의 가까이에 두는 것이 경제적으로, 시각적 그리고 사회적으로도 매우 현명한 일이다. 거기에다 몇 개의 농장이 있다면 특히 도시 아이들이 즐거워할 것이다. 그런 곳에는 모범적인 관용의 정신을 가진 사람이 농장을 경영하는 것이 바람직하며, 그들은 커다란 이익을 예상할 것 같지는 않지만 그 대신 도시 사람들이 경작과 수확의 풍경, 소, 말, 양 등을 보면서 그 농장을 후원하면 된다. 한편 지역의 도시 소재 종합중등학교가 농장을 인수하기도 하고 경영할 수 있도록 계획을 정비할 수도 있다.

농장이 인접하여 공원으로 확장된 곳도 여러 개 있지만 맨체스터의 히톤(Heaton)공원도 그 중 하나다. 프레드릭 기버드(Frederick Gibberd)경은 그가 만든 할로우 뉴타운(Harlow New Town)의 중심 쪽으로 쐐기모양의 농지를 가로지르는 계획을 했다. 스톡홀름은 1906년경부터 주변부의 농지를 구입한 후에 그것을 농민에게 임대하는 정책을 줄곧 시행하고 있고, 맨체스터에는 근래에 스코틀랜드 고지(Highland)와 흰 색 띠무늬가 있는 갤러웨이(Galloway)섬의 소를 공원 내에 사육하고 있다.

▲ 띠무늬 갤로웨이섬의 소의 모습
(자료: Wikipedia 사전에서, 역자)

독일 라인란트(Rhineland)주의 여러 도시에는 그 내부에 남아 있는 땅을 구입하여 농장을 경영하였고, 1920년대 이래로 루르 벨리(Ruhr Vally) 개발공사는 이 곳 중공업지대의 중심부에 청정 전원지대를 확보하고 여기에는 몇몇 공장의 대기오염을 방지하기 위해 삼림의 보전계획도 포함시켰다.

'자연보도(Natural Trails)'는 매우 인기가 있어서 현재 영국에는 100개가 넘는 자연 보도가 설치되어 있다. 그러나 유감스러운 것은 런던 시내와 그 주변에는 자연보도가 하나도 없다는 것이다. 글래스고우의 린공원(Linn Park)이 사람들에게 무엇을 보면 좋을 지를 소개하는 안내서를 만든 첫 번째 공원인데 이제는 린공원처럼 버밍엄의 공원에서도 그림이 들어간 안내서를 제공하고 있다. 아마 세계에서 최초로 법률에 의해 만들어진 자연보호구역은 1858년에 프랑스의 퐁텐블루(Fontainebleau) 삼림의 일부였다. 그로부터 6년 후에 미국의 요세미티계곡(Yosemite Valley)이 자연보호구역으로 지정되었고, 1872년에는 옐로우스톤(Yellowstone)이 세계 최초로 '국립공원'으로 정해졌다. 입장 제한이 필요하게 될지는 모르지만 모든 이해 충돌 중에서도 동식물의 보호는 최우선으로 할 필요가 있다. 예를 들면 스코틀랜드 가르텐호수(Loch Garten) 가까이에 은폐된 장소에서 쌍안

▲ 작은 공간은 소공원으로 활용 가능하다. 현재 클래펌의 세인트 폴(St. Paul)의 접근로

▲ 케네스 브라운의 클래펌의 세인트 폴의 접근로 제안

경을 사용하면 3만 명의 사람들이 물수리(Osprey)가 새집을 만드는 광경을 볼 수 있다. 최근 쉘(Skell)석유회사의 지원금으로 플림브리지(Plymbridge Woods)삼림공원 내에 자연보도가 신설되었는데 플리머스(Plymouth) 중심부로부터 8km도 떨어지지 않은 이곳의 아름다운 계곡은 최근 내셔널 트러스트가 7,500파운드의 모금운동을 통한 자금으로 대중들의 접근을 막는데 성공했다.

스탠스테드(Stansted)의 오브리 벅스턴(Aubrey Buxton)과 슬림브리지(Slimbridge)의 피터 스캇(Peter Scott)의 조류보호지구를 방문한 사람 수를 보면 알 수 있듯이 영국의 많은 사람들이 이와 같은 장소를 아주 많이 만들어 줄 것을 요구하고 있음을 보여주었다. 물론 그런 장소를 방문하는 사람의 수가 많다면 그만큼 야생동물을 위한 넓은 토지를 확보하는 것도 아울러 필요하다. 런던 자연사학회(London Natural History Society)는 최근 여우가 윔블던공유지(Wimbledon Common)와 웸블리공원(Wembley Park)에 출몰한 사건을 보고 하면서 이러한 동물들 가운데에는 필시 야외조사단이라 불리는 연구 집단에 의해 쫓겨서 도시로 피난을 온 것이 아닌가 하는 의문을 제기했다. 이러한 이유에서인지 혹은 청정대기법(Clean Air Act) 때문인지 현재 몇몇 도시에서는 분명하게 동물의 개체수가 증가하고 있는 것 같다. 리치몬드공원(Richimond Park)에서는 두 쌍의 오소리가 그리고 라이슬립(Ruislip)골프장에는 8개의 골프공을 모았던 여우가 발견되었다. 런던에 있는 왕립공원에는 138종의 새가 확인되었는데 이는 지금까지 가장 많은 수이다. 그 새들은 열광적인 보호를 받고 있다. 세인트 제임스공원의 수컷 청둥오리의 숫자가 너무 많다는 의문이 제기되었는데 이는 특별 위원회에서 주요의제로 다루어졌는데, 위원회에 따르면 수컷 오리들이 암컷을 차지하는데 경쟁하고 추적하는 그런 광경을 보고 고통을 받은 사람들이 불만을 표시했다고 한다.

또한 1968년 왜가리 부부가 런던공원(London Park)에 처음으로 둥지를 틀었을 때 영국 '타임즈(Times)' 신문은 그 왜가리의 뉴스 보도에 런던의 수천 명의 노숙자에 대해 1년간 보도한 양보다 더 많은 신문 지면을 제공했다고 한다.

11
수변의 공원

영국의 경우 모든 도시의 강과 수로 등은 가장 주목받지 못하고 있는 잠재적 자산이다. 수변공간은 일반적인 도시공원에 비해 싼 비용으로 아주 다양한 레크리에이션 효과를 기대해도 좋다. 그러나 오하이오(Ohio)주 클리블랜드(Cleveland)시의 '구부러진 강'이라는 뜻의 카이어호우거(Cuyahoga)강은 기름으로 심하게 오염되어 '화재위험구역'으로 분류된 강으로 잘 알려져 있다. 북서 잉글랜드의 머시(Mersey)강과 어르웰(Irwell)강 그리고 남 요크셔지역의 돈(Don)강 등은 하수오물과 산업폐수로 가득차서 동물들이 목숨을 걸지 않고서는 마실 수도 목욕을 할 수도 없다.

광역 맨체스터의 라취데일(Rochdale)에서는 그 운하를 따라 수변공원을 계획

중이다. 그러나 템즈강(Thames)과 타인강(Tyne)의 경우는 애석하게도 수세기를 방치한 채 어떤 방법도 강구하지 않았다. 왜 우리의 강에는 다른 도시들처럼 수상택시, (파리의) 유람선, (암스테르담의) 주유선, (레닌그라드의) 수상레스토랑 같은 것이 없을까? 스톡홀름의 경우 많은 사람들이 배를 타고 일하러 간다. 그런데 우리는 왜 베니스의 소형 증기선과 같은 런던의 상업과 금융의 중심지인 더 시티(the City)와 웨스트민스터(Westminster), 사우스뱅크(South Bank) 그리고 워털루(Waterloo)를 연결해주는 배들이 없을까? 런던교통국(London Transport)은 그러한 공공 서비스를 행사할 권한은 갖고 있으나 이제껏 단 한 번도 실행해 본적이 없다. 마이클 영(Michael Young)과 피터 윌못(Peter Willmott)이 중심이 된 템즈강변연구개발그룹(Thameside Research and Development Group)의 제안에 의하면 새로운 수로를 개발해서 런던 북동쪽 나인 엘름스(Nine Elms)지역과 빌링스게이트시장(Billingsgate Market) 사이를 오가며 배를 운항한다면 도로교통의 혼잡을 감소시킬 수 있다고 했다. 방콕과 멕시코에 있는 수상시장이 런던에선 가능할 수 없을까? 멕시코 중부의 소치밀코(Xochimilco)에서는 그곳의 사람들은 해상공원의 둥둥 떠 있는 부유섬에서 재배한 꽃과 인공섬에서 재배한 채소를 작은 배를 이용해서 공원과 섬을 오가며 즐겁게 나르고 있다.

글래스고우시에서도 클라이드강(Clyde), 켈빈강(Kepvin), 레벤강(Leven) 등을 개선시키기 위해 많은 시도를 했다. 예전의 템즈강은 런던사람들의 생활 중심이었다. 이것은 당시 강의 하상이 얕고 넓었으며, 19개의 옛 런던다리의 교각들이 조수의 높낮이를 적절하게 조절해서 상류부의 수위조절을 해주는 둑의 역할을 했기 때문에 가능했다.

템즈강이 레크리에이션을 위한 작은 늪이나 요트용 정박지를 갖추기 위해서는 울위치(Woolwich) 가까이 어딘가에 새로운 보나 댐을 건설해야 한다. 사실 1790년 이래 그러한 제안이 있어 왔다. 매사추세츠주 보스턴시의 찰스(Charles)강에도 보를 만들어 전보다 강을 더 멋지게 만들고 배들의 항해도 자유로워졌다. 여러 다양한 오래된 배들을 강에다 정박시켜서 역사수상박물관을 만들 수 있다.

▲운하-적은 돈과 관리만으로도 많은 변화를 줄 수 있다.

우리가 템즈강을 포함한 세계 각국 여러 도시의 강에서 얻은 것이 있다고 한다면 그것은 기껏해야 장티푸스와 폐렴 정도라고 일반적으로 믿고 있다. 실제 최근 템즈(Thames)강을 청소한 결과 캔비(Canvey)섬에서는 새우가 발견되었고, 풀럼(Fulham)에서는 20세기에 들어와서 처음으로 황어, 뱀장어, 잉어, 새우 등을 볼 수 있었다고 한다.

스웨덴에서는 물을 재이용하기 위해서 강바닥을 따라 공기를 주입하여 물을 깨끗하게 하는 새로운 기술을 발명하였다. 그러나 1934년 런던개발계획에 의하면 런던에 있는 템즈강변 63.2km에 이르는 공지 중 공장, 창고, 부두시설이 46.5km(73%)를 점하고 있고 공공녹지는 5.8km(9%)에 지나지 않았다. 아버크롬비교수는 18.8km(30%)는 공공녹지로 되어야 한다고 주장했다. 왜냐하면 베를린은 시내에 있는 강변의 1/3이상을 공공녹지로 전환했기 때문이다. 그러나 아버크롬비의 주장 이후 템즈강변 남쪽에는 그 대신 강변발전소가 건설되었고 최근에는 강 근처에 크고 높은 다층 주차장이 만들어지고 있는데 이 주차장은 런던 대화재 기념탑 옆의 훌륭한 강변 조망을 주차한 자동차에게 제공하고 있다. 런던 템즈강의 지류인 빔(Beam), 베벌리 브룩(Beverly Brook), 브렌트(Brent), 콜른(Colne) 레인(Crane), 크레이 데런트(Cray-Darent), 호그스밀(Hogsmill), 잉그레본(Ingrebourne), 리(Lee), 레이번스본(Ravensbourne), 로딩(Roding)강과 완들(Wandle)도 템즈강처럼 개발의 잠재력이 무시되고 있다.

이러한 상황을 대폭 수정할 기회가 마지막으로 우리에게 주어졌다. 머메이드 극장과 레스토랑(Mermaid Theatre and Restaurant)의 경험은 강변의 고색창연한 창고로부터 무엇을 얻을 수 있는 지를 가르쳐 주었다. 화물수송용 컨테이너 혁명은 지금 몇 마일의 부두를 무용지물로 만들었다. 이런 시대에 뒤떨어진 부두 일대를 소생시킬 수만 있다면 역사상 가장 광범위한 개발의 기회가 주어질 수도 있을 것이다. 런던의 경우 독일의 런던 대공습 이후에 복구계획보다도 더 큰 개발의 기회에 직면해 있는데 15에이커의 토지와 10에이커의 수역을 가진 세인트 캐서린(St. Katherine) 부두가 그 좋은 예다. 그 부두는 런던타워(Tower of London)옆에 위치해 매우 쾌적한 미술관이나 관광안내소로 변모할 가능성이 있다.

샌프란시스코는 그 방법을 입증하였다. 캐너리(Cannery) 지구와 기라델리(Ghirardelli) 광장은 이전에 공장건물을 깨끗이 개조한 것으로 어느 것보다 뛰어나고 훌륭한 것이다. 그리고 50개의 부식된 방파제도 동시에 이용할 수도 있을 것이다. 기라델리에서는 낡은 초콜릿 공장을 윌리엄 머스터(William Muster)가 차량의 출입이 자유로운 계단식 중정, 상점, 정원, 카페 등의 복합 센터를 조성시켜 사회적으로도 활기 있게 만들고 경제적으로도 성공을 거두었다. 이미 문을 연 시설에 다양한 사업체가 참여하고 거기에는 여섯 개의 레스토랑, 두 개의 화랑 그리고 극장이 한 개 있다. 또 근처 캐너리지구에는 레오나르도 마틴(Leonard Martin)이 과일 통조림 공장을 개조해서 에스컬레이터, 유보도, 산책로 등을 설치했다. 이 두 가지의 세부안은 뛰어난 것이었다. 두 지구 모두 민간영리사업이기 때문에 지나치게 유

▲운하 주변의 산책로

행에 따른 치장을 한 경향은 있지만 그럼에도 그것은 성공을 거둔 환경개선의 좋은 본보기다. 보스턴, 벨파스트, 함부르크, 리버풀, 헐(Hull), 글래스고우, 브리스톨, 뉴올리언스(New Orleans), 뉴욕, 런던 등의 각 도시는 샌프란시스코를 모방하기 바란다. 물론 그러한 경우는 정부와 민간의 공동투자방식에 의한 격식이 없는 개발이어야 하고, 모든 취향을 고려한 시설이며 또한 부두 일대가 다양한 소득계층이 거주하는 지역사회가 되는 것이 바람직하다.

도시의 운하는 대부분 단조로운 벽과 철책 뒤에 폐쇄되어 있지만 앞에서 언급한 상상력을 동원하면 이러한 운하도 쾌적한 곳으로 변화시킬 수가 있다. 예전에 강·운하의 배를 말로 끄는 길이었던 토우파스(Towpath)[1]는 시내전역을 가로지

1 과거에는 이 길을 따라 말이 바지선을 끌고 다녔음.

르는 자동차로부터 자유로운 보도로서의 역할과 가까운 오픈스페이스를 서로 연결시킬 수가 있을 것이다.

워링턴(Warrington)운하에 둑을 따라 수목을 식재한다면 암스테르담의 운하처럼 이용될 수도 있을지도 모른다. 영국시인 존 베처먼(John Betjeman)의 지적에 의하면 버밍엄에는 베니스보다 더 긴 운하가 있다고 했는데 가령 그것이 베니스라든지 인도의 우다이푸르(Udaipur)와 완전히 같아 질 수는 없어도 선형공원정도는 강변에 설계할 수도 있을 것이다. 현재 라취데일(Rochdale)운하는 위험하고 지저분한 지형이지만 조경가 데릭 러브조이(Derek Lovejoy)가 이 운하 근처 수 마일에 걸쳐 산책로 조성계획을 세우고 있다. 런던에는 약 93.3km의 운하가 있지만 대부분은 사람 눈에 띄지 않는 쓰레기 매립장으로 사용되고 있고 어린이에게는 죽음의 함정으로 여겨지고 있다. 그래서 어떤 열성적인 단체의 시험조사 연구는 어떻게 하면 리젠트운하를 선형공원으로 조성한 후에 런던의 가장 공업화 된 지대를 산책과 뱃놀이를 통해 지나갈 수 있을지에 대하여 보여주었다. 언론인이었던 앨런 브라이언(Alan Brien)은 "물소리를 들으면 기분이 편안해짐을 느끼는데 이것은 처음으로 생이 부여 되었을 때부터 최초 9개월간의 기억이 되살아나기 때문이다"라고 말했다. 한편 그는 "수로는 모든 대도시와 그 주변에 있지만 보통 은폐되어 있다. 그래서 수세기 동안 우리들은 그 수로를 하수도로 간주했다. 그래서 통행인들은 버스의 2층 칸에서 운하와 수로가 슬쩍 보여도 단지 그들이 벽돌로 만든 섬들로 이루어진 다도해에 살고 있다는 것을 깨닫게 해줄 뿐이다."라고 기록했다.

▲ 하이드파크의 레스토랑

강과 운하에 연한 공원에도

▲그늘 아래의 아비뇽 카페의 모습

산책할 사람들을 위해 찻집과 레스토랑이 필요할 것이다. 그러나 대개 오픈스페이스에 있는 음식점 시설을 생각해 볼 때 생각나는 것이라고는 상상력과 청결함이 부족한 곳이라는 것이다.

만약 공원에 가서 식사를 하고 싶다면 몇몇 공원을 제외하고는 도시락을 지참하는 것이 나을 것이다. 런던 남부에 있는 공원의 찻집은 핀터(Pinter)의 희곡〈관리인(The Caretaker)〉의 황량한 무대를 떠올리게 한다고 제레미 버글러(Jeremy Bugler)는 말했다. 패트릭 귄(Patrick Gwynne)이 하이드파크의 서팬타인연못(Serpentine) 양단에 있는 2개의 레스토랑에서 발휘한 상상력이 풍부한 디자인은 연못을 바라볼 수 있는 곳이 식사 테이블이 아니고 레스토랑의 주방인 것이 유감스럽지만 음식점도 상상력이 발휘되어야 할 이유를 보여준다. 그러나 대다수 스낵바의 가격이 고속도로 휴게소처럼 독점가격이다. 또한 레스터광장(Leicester Square)과 트라팔가광장

(Trafalgar Square)에는 왜 도보관광객을 위해 나무그늘과 파라솔 밑에 카페 의자나 테이블을 설치하지 않는 것일까? 광장 주변의 자동차 소음은 지반을 한단 아래로 낮추고 나무를 심어서 완화시킬 수 있을 것이다.

배스(Bath), 첼터넘(Cheltenham), 해로게이트(Harrogate)와 벅스턴(Buxton)같은 온천 휴양지에서도 이러한 개선책이 필요하다. 현재 그곳에는 주말에 차량의 통행을 금지하고 있는데 산 마르코(San Marco)광장같이 나무 그늘의 보도를 따라서 카페를 설치하는 것도 좋지 않을까? 적어도 공원에는 한쪽 구석에 공원의 전경을 볼 수 있는 레스토랑이 한 개 정도는 있는 것이 좋다. 가령 북쪽의 추운지방의 공원에서도 레스토랑의 벽면을 유리로 차단하고 온풍 커튼과 적외선 난방 기구를 쓴다면 1년의 대부분을 그곳에서 보낼 수 있고 또 더 많은 음식을 소비할 수 있다. 음식영업허가법은 가족이 흩어지는 것을 막고 그들이 서로 결합할 수 있게끔 20세기에 맞게 개선해야 한다. 간이매점도 매력적으로 디자인 된다면 계절에 따

▲야외사교장-수목으로 둘러싸인 공간에 설치한다.

라 메뉴도 바꾸고 장소를 이동할 수가 있다. 변화가 있으면 있을수록 좋다. 그리고 공원에 오는 사람들은 치즈와 연어, 맥주 혹은 샤블리(Chablis)와인[2]을 사먹을 수가 있을 것이다. 리젠트파크에 있는 야외극장의 레스토랑에서도 무엇이 가능할 수 있을지에 대해 방송인이며 작가인 클레멘트 프로이드(Clement Freud)경은 보여주었다. 파리의 숲공원에 있는 기품 있는 레스토랑은 그 디자인이나 분위기가 너무나 고상하여 파리사람들이 그곳에 꼭 가보고 싶어 한다. 그리고 티볼리정원에는 적어도 각종 레스토랑이 22개나 있으며 그 중의 6개는 코펜하겐에서 최고급에 속한다. 그건 그렇고 우리 공원의 여름 하늘아래서 춤추는 것은 어떨까?

2 프랑스 부르고뉴 북쪽에 있는 샤블리에서 생산되는 와인으로 프랑스의 대표적인 화이트 와인이다.

12
공원예산과 관리

공원예산

'모두 훌륭한 제안이지만 도대체 그 공원예산은 어디에다 지출되는지요?' 공원의 관리비는 어쨌든 증가하고 있다. 뉴욕시의 공원 관리 예산은 1934년에 600만 달러였지만, 1965년도에는 4,020만 달러, 66년도에는 4,260만 달러, 67년도에는 5,250만 달러, 68년도에는 5,700만 달러에 이르고 있었다. 톰 호빙이 도시공원국장이었을 때 뉴욕의 공원에 할당된 고정 자본지출은 헬륨을 채운 풍선처럼 급상승했다. 이것을 연도별로 보면 다음과 같다.

1965/6 : $ 2,210만

1966/7 : $ 2,820만

1967/8 : $ 5,150만

1968/9 : $ 1,800만

런던의 경우는 그 정도로 급속히 상승하고 있지는 않았다. 1967/8년도의 런던광역청(GLC)의 공원 관리 예산은 4,841,494파운드(그 중 626,162파운드는 수입에 의해 상쇄되었다) 그리고 고정 자본 지출에 898,665파운드를 투입했다.

그 다음 해에 공원 및 템즈강에 사용된 모든 경비는 5,032,000파운드(그 중 630,000파운드는 수입에 의해 상쇄되었다), 그리고 69/70년도에는 5,170,500파운드였다. 중앙정부의 건설성은 1968/9년도 런던과 에딘버러(Edinburgh)의 왕립공원에 대해서 180만 파운드를 지출하고 있다(58/9년도에는 877,000파운드였다). 1965/66년도 런던 각 구(borough)의회에 의한 연간 지출의 내역은 면적 1,654에이커의 버넷(Barnet)구에서 495,552파운드, 2,923에이커의 힐링던(Hillingdon)구에서 296,668파운드, 20에이커의 해크니(Hackney)구에서 72,184파운드, 재정적으로 여유가 있는 켄싱턴(Kensington)과 첼시(Chelsea)구의 경우 면적은 79에이커에 대해 43,917파운드의 소액이었다.

1966/7년도의 영국의회가 공원, 수영장, 오픈스페이스에 지출한 비용의 내역은 다음과 같다(완전한 통계데이터가 갖추어져 있는 것으로는 최근의 회계연도).

(단위: 백만 파운드)

지역명	총지출	순지출
잉글랜드(런던 포함)	44.4	38.0
런던	8.4	7.8
스코틀랜드	6.0	5.1
웨일즈	2.5	2.2

북아일랜드의 경우 오픈스페이스에 대한 비용으로 1966/7년도에 65만 파운드를 지출한데 비해 1967/8년도에는 74만 파운드를 지출했다.

인구 1인당 연간 1파운드 조금 넘는 지출은 영국 대부분의 도시지역에서 대개 일치한다. 이것에 비해 베를린의 시민 1인당 연간 지출액은 45마르크였다.

대개 의회는 공원의 제경비의 광고에는 난색을 표하지만 그것을 대중들에게 잘 알리기만 해도 일반시민들의 공원에 대한 인식은 아마도 더 높아지게 될 것이다.

존 바(John Barr)는 펠리컨(Pelican)출판사에서 발간된 유명한 그의 저작 〈황폐한 영국, Derelict Britain〉에서 영국 사람들이 애견이나 정원에 소비하는 국민총지출비용으로 현재 영국 여기저기에 버려진 유휴지를 1년 이내에 개간해서 이용하는데 충당할 수 있을 것이라고 말하면서, 천연자원 개발업자들은 성공적이었던 〈철광석부흥자금〉과 아주 비슷하게 세금을 추가로 부담하게해서 토지개발자금을 조성할 필요가 있다고 제안했다. 농촌지방에 있는 모든 국립공원에 대해서 현재 영국 정부는 국민 1인당 담배 1갑 정도의 비용 밖에 지출하지 않고 있다. 우리들이 흡연에 사용하고 있는 총액과 비슷한 돈을 도시공원이나 지역공원을 위해 사용한다면 우리는 훨씬 건강한 생활을 보낼 수 있다(현재 연간 15억 파운드가 담배연기로 사라지고 있다.)

그리스의 공업기술위원회의 보고서에 따르면 도시의 녹지나 오픈스페이스를 증가시키는 대책이 시급하게 마련되지 않는다면 지금부터 10년 내에 대기를 정화시키는 비용에 아테네 주민은 1인당 연간 250파운드를 지불해야 할 것이라고 경고하고 있다. 아마도 대기정화를 위한 연간 총 지출은 7,600만 파운드에 이를 것이라고 한다. 이 위원회 보고서는 '만약, 이를 즉시 행동으로 옮기지 않는다면 그리스 현재 경제규모로 아테네 주민만을 위해 이런 거액의 비용을 지출하는 것은 불가능하며 그래서 아테네 주민은 도시를 포기하고 탈출하는 것 외에 구제될 길이 없을 것'이라는 결론을 내렸다.

재정당국은 대단히 잘 조성된 공원이 있으면 여행자는 거기에서 돈을 쓰고 간다는 사실에 주목해야 한다. 미국 여행자들은 런던에서 가장 훌륭한 것은 공원이라고 자주 말한다. 그러나 의회의 예산 획득 경쟁에 상정되어 있는 주요항목은

이 밖에도 상당히 많은 것이 있기 때문에 오픈스페이스를 위해 할당되어 있는 예산 비율을 많이 증가시킨다는 것은 현실적으로 기대할 수 없다. 그런데 공원을 담당하는 직원들도 필요 이상의 급료를 받고 있다고 말할 수도 없다. 그렇기는커녕 그들의 주 급료 수준은 주당 11파운드 8실링 8펜스로 육체노동자의 평균주급인 23파운드와 비교해 보면 결코 높은 편이 아니고 오히려 국내에서는 최저 소득자층에 속하고 있다. 최근의 일례를 들면, 어떤 공원 종사자의 경우 집세를 지불하고 나면 수중에 6파운드 정도(주당)밖에 남지 않는다고 한다. 남은 6파운드로 자기와 처자의 의료비, 식비, 전기세나 기타 생활비를 지불해야 한다. 그래서 직원 중에 대학 졸업자 혹은 대학입학자격시험(General Certificate of Education)인 'O' 레벨[1]소지자조차도 매우 적다는 사실은 그리 놀랄 것이 못된다.

맨체스터의 공원 종사자의 이직률은 50% 정도로 높으며 어떤 지역에서는 불과 1년 만에 공원과 직원의 94%가 일을 그만두고 말았다고 한다.

1968년 버밍엄에는 1,100명의 직원 가운에 413명이, 또 글래스고우에서는 500명 이상이 그 일을 그만두었다. 일반적인 급여는 상승하고 있지만 대부분의 공원과에서는 임시로 미숙련 노동자를 공원직원으로 대신 고용하지 않을 수 없는 형편이다. 꽃시계나 펜스의 페인트칠, 그리고 정성들여 제초한 화단의 손질과 같이 가장 손이 많이 가는 일 가운데는 작업량을 줄일 수도 있다. 혹은 공원 가까이의 지역사회에서 그러한 손이 많이 가는 작업이 계속 되기를 원한다면 그 지역의 사람들이 자원봉사를 통해 그 일을 도울 수도 있다. 욕구불만으로 가득한 많은 도시민이 자원봉사를 통해 스스로 공원 가꾸기를 도운다면 그로 인해 절약된 인건비로 꼭 공원이 필요한 지역에 공원을 새로 조성해 줄 수도 있다.

지금껏 주장되어 왔던 이야기지만 레크리에이션을 추구하는 사람들을 위해서 넓은 자동차도로를 건설하는 것보다도 공원을 신설하는 편이 비용이 적게 들 수도 있고, 삼림이나 골프장, 뱃놀이를 할 수 있는 호수와 같은 쾌적한 장소에서는

1 O. 레벨은 Ordinary Level로 영국에서는 대학 입학 자격의 하나로 이외에 A 레벨이 있다. 영국의 대학에 들어가기 위해서는 A. 레벨과 O. 레벨 자격을 취득해야 한다..

금전적 이익을 얻어서 이것을 채산(採算)이 맞지 않은 곳에 자금 지원을 할 수도 있다.

예를 들면 광역런던청은 수정궁의 인공스키장에서 수입을 얻고 있다. 다른 곳에도 이렇게 못할 이유가 없다. 대도시 부근의 자갈 채취장의 수요는 공급을 초과하고 있다. 캠브리지주 그래펌(Grafham)의 새로 문을 연 저수지의 낚시터는 연간 4만 파운드의 총 수입을 올리고 있다. 그리고 요트클럽 개설 후에는 불과 2년 만에 입회순서를 기다리고 있는 사람들만 500명이나 된다고 한다. 어떻게든 버려진 토지를 개발하는 책임은 일반 시민에 있는 것이 아니고 그 토지와 관련이 있는 산업체가 그 책임을 져야 할 것이다.

오픈스페이스가 그 일부를 차지하는 도시의 보행자 전용도로의 조성비용은 어느 정도는 각종 경비를 절약해서 조성하면 된다. 이 보행자 전용도로가 주는 각종 사고나 경범죄의 감소, 그리고 도시 생활의 질적 향상과 같은 다양한 혜택을 단지 예산 탓으로 돌리는 것은 이해하기 어렵다. 그러나 만약에 그렇게 즐겁고 안전한 보행자 전용도로에서 많은 혜택을 얻는다면 건강상이나 다른 이유에서도 걸어서 일터나 시장에 가고 싶다고 희망하는 사람은 많을 것이다. 그렇게 되면 교통에 드는 공공비용을 상당히 감소시킬 수 있다.

더하여 시의회에서도 공원을 조성한다면 상당한 지방세율에 있어서 이익이 있음을 잊어서는 안 된다. 조셉 팩스턴(Joseph Paxton)이 설계한 버큰헤드공원(Birkenhead Park) 부근의 토지임대료는 공원 설치 후 2년 만에 1평방 야드당 1실링에서 11실링으로 올랐다. 빅토리아 시대 사람들은 환경개선이 이익배분과 관련이 있다는 것을 알고 있었다. 뉴욕의 경우 센트럴파크 덕택에 인접지역 주택의 지방세는 4배로 뛰었다. 때문에 공원의 토지구입과 건설비용 총액(이자를 포함한 4,400만 달러)은 20년 이내에 충당할 수 있을 뿐 아니라 매년 세금의 형태로 이 금액의 반 정도의 이윤이 생겼다. 공원의 신설이나 개선의 비용은 입장료에 의존하는 것을 최소로 하고 그 이외의 재원을 찾아내는 몇 가지 방법이 있다. 예를 들면 새로운 공원의 조성으로 혜택을 받은 어느 특정지역이나 도시의 건물개발에 대해서 과세

하는 것도 한 가지 방법이 될 수 있으며 이는 리젠트파크의 건설에서 실제 이용되었다. 마틴 바그너(Martin Wagner)는 신설되는 오픈스페이스의 유지관리비는 세금으로 충당되지만, 그 조성비용은 땅주인이 지불해야 한다고 도시의 오픈스페이스 정책에서 주장했다. 1967년 뉴욕주는 7,500만 달러의 오픈스페이스 채권을 발행했다. 메릴랜드(Maryland)주에서는 오픈스페이스의 분할구입계획이 세워졌다. 이것에 의해서 토지의 매도인은 수년에 걸쳐서 자본이득에서 수익을 얻을 수 있고 또 주정부 측에서도 거액의 자본금을 한꺼번에 출자하는 경우, 이자의 지불을 피할 수 있을 것이다. 현명한 지역권이나 계약을 잘 활용하면 사유지에서도 일반 시민이 더 많은 편의를 얻는다. 공원에 가장 적합한 토지(기복이 있고 물과 녹지가 있는 장소)는 다행히도 건물을 짓기에는 가장 나쁜 곳이다. 의심할 바 없이 공원을 도시에 조성하는 가장 싼 방법은 현존하고 있는 오픈스페이스를 파괴하는 것이 아니다. 도시의 어느 곳에 많은 돈을 들여서 자연을 재창조하기 위해 현존하고 있는 자연을 소멸시킨다는 것은 경제적으로 보아도 아주 어리석은 것이다.

유럽 대륙의 몇몇 도시에는 매년 꽃 박람회와 원예 전시회가 개최된 후에는 이곳에 새로운 공원이 생긴다. 이 전시장은 300~400에이커의 면적에서 매번 새로이 조성된다(버려진 토지에 조성하는 경우도 있다). 런던에서도 이처럼 여러 장소에서 연이어 첼시플라워쇼(Chelsea Flower Show)가 개최되면 이런 영구적인 새로운 공원을 얻게 될 것이다.

시대의 움직임에 민감한 기업이라면 공원을 새롭게 조성해서 시민들에게 제공하는 것보다 광고효과가 있는 것은 없을 것이다(이러한 방법이 벽에 포스터를 붙이는 것보다 오래 지속할 수 있고 사람들의 사랑을 받는다).

엔드류 카네기가 피튼크라이프공원(Pittencrieff Park)을 그의 고향인 던펌린마을(Dunfermline, Fife, Scotland)에 기부한 것처럼 자선사업 재단도 그 기금을 앞에서 얘기한 바와 같은 용도로 사용해서 영속적인 이익을 얻을 수 있음을 알았다.

윌리엄 화이트(William Whyte)는 미국 공원의 반 수 이상은 기부금으로 만들어졌을 것이라고 추산했다. 어떤 종류의 기증을 특별히 어느 특정지역에 장려하기

▲ 런던 레스터광장

위해서는 과세 혜택조치가 취해질 수 있다.

이와 같은 방법으로 신설된 소형의 공원 중에 가장 바람직한 것이 몇 개 있는데 뉴욕 서쪽 67번가의 모험 놀이터는 랜더(Lander)재단 그리고 89번가 놀이터는 애스터(Astor)재단의 지원에 의한 것이다. CBS(Columbia Broadcasting System)방송국의 창업자인 윌리엄 팰리(William S. Paley, 1901-1990)는 아카시아와 폭포가 있는 소공원의 조성을 위해 뉴욕에 100만 달러를 기부했다.

▲ 멜버른의 공원과 식물원

미국의 자선사업가인 베르나르 버루크(Bernard Baruch)는 센트럴파크에 1952년에 지어진 체스 앤 체커 하우스(Chess and Checker House)의 익명의 제공자였다. 그렇지만 공원에 설치되는 기증물을 무비판적으로 받아들여서는 곤란하다. 만약 대부호 헌팅턴 하트포드(Huntington Hartford)의 카페가 그들의 요구대로 센트럴파크 내에 개점되었다면 보기 싫은 경관요소가 되었을 것이다.

공원관리

런던의 공원은 역사적인 이유로 인해 각각 3개의 행정기구에 분할되어 있는데 왜 그런지에 대한 이유를 방문객들에게 설명하기는 곤란하다. 다음의 (표 1)은 1967/68년도에 런던의 3개 행정기구의 공원 분포현황을 보여주고 있다. 중앙정부의 건설성은 런던에 5,679에이커 그리고 에딘버러에 843에이커의 왕립공원을 관리하고 있다. 많은 사람들이 자주 방문하는 켄싱턴가든과 햄프턴코드와 같이 잘 다듬어진 정형식 정원으로부터 리치몬드공원이나 부쉬공원(Bushey Park)의 수목 사이를 흐르는 작은 하천에 이르기까지 왕립공원은 전문가들에 의해 구석구석 잘 관리되고 있고, 그 관리수준이 다른 공원관리국에 비해 높은 수준을 유지하고 있는 것은 다분히 그러한 이유 때문일 것이다. 건설성은 매년 관람객을 위해서 버킹엄궁전 앞에 4만 본의 백합을 재배하고 있다. 그리고 건설성에서 매년 전정할 수 있는 장미의 수는 장미의 나라인 불가리아(Bulgaria)를 제외하면 레젠트공원이 세계에서 가장 많다. 한편 몰(Mall) 즉 버킹엄궁전에서 시작되어 애드미럴티 아치(Admiralty Arch: 빅토리아 여왕을 기념한 아치)를 거쳐 1805년 '트라팔가르 해전'의 승리를 기념하여 지어진 트라팔가광장(Trafalgar Square)까지 이어지는 도로의 끝에 있는 해군본부건물의 지붕에는 때때로 생각지도 않게 목초가 1에이커에 걸쳐서 생겨났는데 이것을 제거하는 것도 건설성의 업무인 것을 알고 있는 사람은 별로 많지 않을 것이다.

건설성은 중앙 정부에 대해 발언권을 가질 수 있는 유리한 입장에 있고, 더구나 의회에서 그들의 활동들에 대해 문제를 제기하고 논의될 수 있음에도 불구하고 하이드파크 내의 힐튼(Hilton)호텔이나 나이트브릿지(Knightsbridge)군인막사 건물이 건설되는 것을 막지 못했다. 광역런던청 예술 및 레크리에이션 위원회는 그들의 권리를 이양하기 전에는 런던 전체면적의 5% 이상을 관리하고 있었다. 그들은 특히 오락과 어린이를 위한 시설에 대해서 호평을 받았다. 런던의 각 구의회(borough councils)의 수준은 영국의 다른 지역과 같이 가지각색이다.

[표 1] 1968년 12월 31일 현재 광역런던구역 내의 공원녹지 총면적현황 요약

(단위: 에이커)

	관리청				인 구 1,000명 당 에이커 a
	광역런던청	런던자치구	건설성	총합 a	
지 역	(1)	(2)	(3)	(4)	(5)
City of London	–	7,189	–	7,189	b
Barking	118	591	–	709	4.2
Barnet	121	1,656	–	1,777	5.6
Bexley	215	1,230	–	1,445	6.7
Brent	–	935	–	935 (965)	3.3 (3.4)
Bromley	288	1,279	–	1,567 (1,643)	5.2 (5.4)
Camden	711	55	134	900	3.9
Croydon	–	2,899	–	2,899 (3,317)	8.8 (10.1)
Ealing	10	1,578	–	1,588	5.3
Enfield	–	1,629	–	1,629	6.1
Greenwich	1,039	205	196	1,440	6.3
Hackney	697	19	–	716	2.9
Hammersmith	303	82	–	385	1.9
Harringey	338	713	–	1,051 (1,121)	4.3 (4.6)
Harrow	–	999	–	999	4.8
Havering	72	1,211	–	1,283	5.1
Hillingdon	–	3,077	–	3,077	13.0
Hounslow	–	1,353	–	1,353	6.6
Islington	44	88	–	132	0.5
Kensington and Chelsea	65	79	20	164	0.8
Kingston upon Thames	–	393	116	509	3.5
Lambeth	512	32	–	544	1.7
Lewisham	625	157	–	782	2.8
Merton	–	1,638	–	1,638	8.9
Newham	10	296	–	306 (383)	1.2 (1.5)
Redbridge	548	546	–	1,094	4.4
Richmond upon Thames	66	1,033	3,912	5,011	28.3
Southwark	340	139	–	479	1.6
Sutton	–	977	–	977	5.9
Tower Hamlets	287	37	–	324	1.7
Waltham Forest	–	558	–	558	2.4

Wandsworth	682	95	233	1,010	3.1
Westminster, City of	13	73	1,074	1,160	4.8
Essex	488	-	-	488	…
Greater London	**7,593**	**32,841**	**5,685**	**46,119**	**5.0 c**
1967	7,546	32,541	5,685	45,772	4.9
1966	7,291	32,474	5,685	45,450	4.9

a: 괄호 내의 수치는 각 자치구에서 런던자치시(City of London)의 공원녹지 면적을 포함하고 있음.
b: 런던자치시(City of London) 내에는 공원녹지가 없기 때문에 비율을 산정하지 않았음.
c: 광역런던청(GLC) 외곽의 오픈스페이스 약 7,000에이커는 포함시키지 않았음.

현재 35개의 관리국에서의 특색만을 뽑아서 하나의 런던공원관리부로 통합해야 한다는 의견이 몇 가지 믿을 만한 이유로 지지를 받고 있다. 이와 같이 통합된 기구만이 실무와 관련된 우수한 인재를 모으고 조경기술자와 같은 전문가를 고용할 수 있다. 또한 기구가 대단위가 되면 그 규모를 경제적으로 조직하여 행정에서나 초목의 포장 조성, 오락 또는 어린이를 위한 프로그램 계획에 있어서 이득을 볼 수 있다. 지역별로 관리를 하면 공원의 근린 주민이 관여할 수 있고, 또한 공원 사이에서 경쟁이 벌어진다는 두 가지 장점도 있다. 하지만, 이러한 이점은 대형의 관리 단위가 실현된 후에도 예를 들면 공원의 인근에서 선출된 위원회에 의해서 개개 공원의 사소한 문제에 주의를 기울이도록 하면 잘 살릴 수 있다. 이렇게 선출된 대표는 그들의 필요(needs)나 경험을 살려서 중요한 전략적 관리를 충분히 할 수도 있다. 뉴욕과 런던 같은 대도시에서는 공원관리의 일원화를 하여 앞으로 조성할 다양한 오픈스페이스의 종류를 조정하는 것이 가능하기 때문에 지방공원관리소에서 하나의 지방공원에 모든 것을 설치하려는 유혹을 받더라도 그렇게 하지 않아도 된다.

광범위한 범위를 종합해서 관리하는 방법이 어떻게 유효한가에 대해서는 독일의 루르(Ruhr)지방에서 그 예를 찾아볼 수 있다. 이 지역은 계획면적의 38%가 오픈스페이스로 보전되어 있고 루르지방 여러 도시의 주민 1인당 산림면적은 런던주민의 8배에 이른다. 1940년 디트로이트시 주변의 다섯 개의 군은 디트로이트

주변의 공원을 계획적으로 조성하려고 연합으로 휴런클린턴광역도시관리국(Huron Clinton Metropolitan Authority)을 결성했다. 일원화된 런던공원관리국이 생기면 특히 템즈강이나 그린벨트에 남아있는 아직 사용되고 있지 않는 토지의 이용에 관해서 미국의 그것과 똑같은 역할을 수행할 수 있다. 그러나 불행하게도 광역런던청의 방침은 현재 이것과 전혀 반대로 130개 이상의 공원을 각 구의회(區議會)에 이관하고 있다. 이것은 공원계획전문가와 몇몇 구의회 모두가 한탄할 만한 사태인데 공원을 가장 필요로 하는 지구는 재정적으로 가장 곤란할 뿐만 아니라 주택과 복지와 같은 가장 골치 아픈 문제도 떠안고 있기 때문이다.

오픈스페이스를 주택용지로 사용하는 계획은 많은 지역사회에서 의회의 주택분과와 공원분과 사이의 (스톡홀름에서처럼 양자가 서로 결합되어 있지 않다.) 분열을 야기하고 있다. 도시계획, 교통, 교육 및 재정의 각 위원회는 공원에 관해서는 자주 의견이 대립된다. 버밍햄에서는 레크리에이션 관련 책임은 공원위원회, 온천위원회, 교육위원회, 공공도서관위원회 및 미술관, 박물관위원회 등으로 분할되어 있다. 어떤 공원과의 고참직원은 공원위원회의 위원들이 매우 활동적이고 우수한 위원으로 구성되어 있지 않은 것이 불리한 조건이라고 말하면서 이 위원회가 위원의 훈련장으로 이용되는 경향이 있어 유능한 위원은 곧 다른 곳으로 이동해버린다고 얘기하고 있다.

지방자치단체가 어떠한 형태로 재편되어지든지 간에(지역주민의 참여가 갖는 이점과 결부되면서) 앞으로 공원관리 부문을 보다 큰 단위로 통합해 가려는 움직임은 피할 수 없는 것이고, 도시와 근교의 공원의 종합적 계획은 필수불가결한 것이다. 햄프셔(Hampshire)주의회는 다양한 오픈스페이스를 각각 가장 합당한 용도별로 분류해서 그것에 따라서 개선계획을 세워서 적절하게 잘 이용함으로써 그 파손을 줄이는 훌륭한 모범을 보여주었다.

독일 루르지방의 도시에서는 대도시 지역 전체에 산재해 있는 삼림이나 공원용지를 종합적으로 개발하기 위해 지금보다 훨씬 전에 지역계획기관을 설립했다.

이러한 움직임은 공원을 이용하는 경우에 필요한 공원 수송기관의 정비에도 도움을 준다. 그것과 똑같이 공원의 비용은 공원이 조성된 그 지역만 부담하는 것은 아니고 그 공원으로부터 혜택을 받는 지역 모두가 함께 부담한다. 현재 런던과 에딘버러(Edinburgh)의회는 다행히도 왕립공원의 입장이 무료라는 혜택을 받고 있다. 그러나 불행한 일반 납세자들은 대도시나 혹은 국가자산인 공원을 납세자 바로 그들이 모든 부담을 감수하면서 이용하고 있다는 것을 까맣게 모르고 있다.

13
결 론

1969년과 1970년 같은 무더운 여름에는 공원이 그 본래의 역할을 잘 수행한다. 무더위 속에서 공원을 이용하는 사람들이 해방된 기분을 맛보고 있을 그때 햇빛은 나무 그늘 아래에 비치며 수목의 빛은 매우 부드럽게 빛나고 있다.

인간이 일상생활이 더욱 기계적이 되고 도시는 한층 복잡해지고 차량은 넘쳐나고 우리의 환경이 점점 오염되어 가면, 인간들은 자연경관의 편안함이 필요하다고 느낀다. 지금으로부터 30년에 걸쳐 영국에 사는 사람들의 반은 자동차로 인해 피해를 입을 가능성이 클 것으로 예상되며, 미국은 이미 자동차로 인한 사망자가 이미 200만 명 이상에 이르고 있다. 그럼에도 불구하고 이런 나라들이 그들 스스로를 문명국가라고 말하고 있다. 이 문명국가에서는 인간의 신체보다도 자동차를 더 중요하게 취급하고 사람들이 산책할 수 있는 공공녹지에 사용하는 예산보다 몇 배의 비용을 아무런 의심도 없이 고속도로 건설에 사용하고 있다.

많은 사람들은 비록 오픈스페이스가 엉성하게 계획되고 조성되어 있다 하더라도 그것을 좋아한다. 그러나 오픈스페이스에 대한 고려는 매우 필요하다. 왜냐하면 오픈스페이스는 그 수와 양이 부족하며 더구나 그것을 즐기고 있는 사람들에 의해서 오픈스페이스 자체가 파괴될 위험성이 높기 때문이다. 영국의 인구는 매년 노팅엄시의 인구만큼 증가하고 있다. 미국 관계당국의 계산에 의하면 레크리에이션에 대한 요구는 매년 거의 4%식 증가하고 있다. 만약 우리가 공원이나 오픈스페이스를 확대·개선해 나가지 않는다면 우리들은 결국 우리 자신들이 가장 좋아하는 것을 없애버림으로 인해 우리 자신도 종말을 맞이할 것이다. 역설적으로 사람들의 남용에 의해서 가장 먼저 파괴될 가능성이 있는 곳은 다름 아닌 그들에게 추억의 장소이며 가장 매력적인 장소이다.

가능한 많은 사람들에게 만족을 주기 위해서는 자연의 숲에서부터 도심의 오아시스에 이르기까지 모든 종류의 공원이 필요할 것이다. 그리고 지하에 조성된 터널이 아니라 서로 잘 연결된 쾌적한 산책로가 필요하며 농촌과 도시의 쾌적한 환경을 종합적으로 계획하는 것도 필요하다. 어린이들뿐만이 아니고 노인도 같이 즐길 수 있도록 광장이나 공지를 개방하고 가능한 한 최선의 용도로 이용할 필요가 있다. 그리고 또 사람들이 스포츠나 예술에 참가할 수 있는 방법을 개발하기도 하며, 인근에 사는 주민들이 자기들의 환경을 직접 계획하고 만드는 기회를 제공하는 것도 필요하다.

현대는 하려는 의지만 있다면 다양한 제도와 전문가들의 도움을 받아서 거의 모든 것을 해결할 수 있다. 그러나 공원의 계획은 그저 간단히 공원을 완성해서 공개하는 것만으로 끝나는 것이 아니다. 인간이 요구하고 있는 것을 공원이 제대로 제공하고 있는지 어떤지를 끊임없이 지켜볼 필요가 있다. 공원이 우리들 삶의 질에 첨가된다면 조경가뿐만이 아니라 사회과학자나 일반 이용자들도 각각 해야 할 역할이 있다.

▲코펜하겐공원 안의 승마공원

각 장에서 제시한 주요 내용의 요약

서 론

1. 공원의 활발한 이용이 그 공원 치안유지의 최선의 방법이다.

1. 공원의 필요성

2. 공원의 계획은 반드시 유치권 내에 사는 주민의 요구나 다른 공원녹지의 위치와 분포를 함께 고려하여야 한다. 공원이 사람들이 생활하는 상점이나 회사, 공장 그리고 가정 등에서 가깝거나 사람들의 왕래가 많은 곳에 만들어지면 그 가치가 증가할 것이다.

2. 공원의 역사

3. 오픈스페이스는 도시를 예쁘게 치장하는 화장품이 아니라 도시환경의 필수불가결한 요소로 계획되어야 한다.

3. 공원의 이용과 사회학

4. 조사에 의하면 공원을 이용하는 사람들은 대개 도보로 이용하지만 대중교통계획을 공원계획과 함께 수립하면 더 먼 곳의 사람들도 이용할 수가 있다. 대형공원 주변은 반드시 방사상 즉 공원 중심에서 바깥쪽으로 우산살 모양으로 뻗은 모양의 버스노선과 통합하여야 한다.
5. 더 많은 공원과 테니스코트에 야간에 이용할 수 있도록 조명을 설치해야 한다.
6. 공원의 카페에 난방시설이나 개폐식지붕과 같은 시설을 설치하면 날씨가 변덕스러울 때 특히 노인들이 더 즐겁게 공원을 이용할 수가 있다.
7. 공원 인근에 사는 주민들이 그들의 공원을 돌보기 위해 자치위원회를 만들어 공원을 잘 관리하면 공원에 대한 애착심이 생긴다. 아이들에게도 나무를 심고 가꾸게 하면 좋다.

4. 공원의 디자인

8. 텔레비전에서 '역습(Counter Attack)'과 같은 프로그램은 대중들에게 그들의 공원녹지

와 쾌적함에 어떤 위협이 가해지고 있는지 경종을 울릴 수가 있다.

9. 공원의 표지판은 가능하면 그 수를 최소한으로 줄여야 하며 그 글자와 그림은 보기에 단순하고 즐거워야 한다.
10. 공원녹지의 기능과 디자인은 반드시 같이 계획되어야 하지만 과도한 계획이나 너무 복잡함은 지양되어야 한다.
11. 공원녹지의 디자인은 미래의 변화와 욕구를 고려할 수 있게 융통성이 있어야 한다.
12. 공원에서의 다양한 이용이 이루어지도록 주의하여야 하며 가장 좋은 계획은 사람들의 이용이 집중적으로 이루어지는 곳은 공원 주위로 돌리고 공원의 중심지역은 오염되지 않게 보전해야 한다.
13. 공원 내에 언덕을 만들어서 공원주위의 건물과 공원의 담장이 보이지 않게 하는 공원이 별로 보이지 않는다.
14. 공원 내에 울타리, 장애물 그리고 담장 등은 최소화하라.
15. 수목과 물과 바위 등은 공원녹지를 이용하는 사람들 사이에 벌어지는 영역의 다툼을 막아주는 가리개로서 효과적으로 사용할 수 있다.
16. 공원계획은 이용자들의 즐거움을 위한 하인 역할을 해야 하며 절대 그 역할이 바뀌어서는 안 된다.
17. 디자인은 세심함에 주목해야 성공이다. 그렇지 않으면 망한다.
18. 공원에 사용하는 소재는 될 수 있으면 자연소재여야 한다.

5. 공원의 훼손 원인과 대책

19. 오프스페이스는 도로나 주택건설을 위해 야금야금 훼손해서는 안 될 대상임을 반드시 각성해야 한다.
20. 공원주변 고층건물의 침입이나 규모 등을 매우 신중하게 감시해야 한다.
21. 그린벨트지역의 계획은 반드시 긍정적으로 매우 적절한 이용을 두고 그 가능성을 확신해야 하며 절대 부정적으로 이용을 제한하면 안 된다.
22. 공원내부의 도로나 교통계획은 가능하다면 피한다. 불가피하다면 공원내부에 터널을 뚫던지 도로를 절개해서 한 레벨 낮추어 만든다.
23. 오프스페이스는 도시 전 지역을 가로질러 자유롭게 산보할 수 있게 만든다.
24. 공원 바깥의 자동차 소음은 분수나 수경시설 등의 소리를 이용해서 저감할 수 있다.
25. 공원의 주차장은 수목이나 경사면을 만들어 차폐할 수 있다.

6. 공원의 문화파괴행위

26. 무엇을 단념시키게 만드는 글귀는 아주 정중한 표현이나 유머러스한 표현을 쓰는 것이 분개하게 만들거나 도전 행위를 유발시키는 금지어로 된 표현보다 훨씬 효과적일 수가 있다.
27. 아주 현명한 계획과 내구성이 있는 재료의 사용은 반달리즘을 줄여준다. 아주 혐오스럽게 관리되거나 더러운 공원시설들은 반달리즘의 표적이 된다.

7. 어린이를 배려한 공원

28. 놀이는 어린이의 성장에 필수적인 요소다. 그러나 그들의 놀이를 위한 시설들은 그들이 길거리에서의 놀이의 재미에 버금가게 아주 흥미가 있고 그들의 에너지를 쏟아낼 수 있는 범위 내의 것이어야 한다. 모험놀이터는 많은 어린이들의 상상력을 자극한다. 연령이 다른 아이들은 놀이시설도 달라야 한다. 놀이터의 바닥면은 반드시 푹신하고 부드러운 재질로 만들어야 한다.

8. 운동을 할 수 있는 공원

29. 스포츠시설은 많은 사람들이 가장 많이 이용할 수 있게 학교나 대학 내에 설치해야 한다.
30. 야외수영장은 해변 모래사장을 반드시 구비하고 접이식 지붕을 설치해야 한다. 여름철 애용되는 어린이용 풀이나 테니스코트에 물을 채워 겨울철에는 스케이트장으로 만들 수 있다.

9. 예술을 즐길 수 있는 공원

31. 공원은 새로운 관객들에게 예술을 선물할 수 있는 곳이다. 모든 공원은 인근 주민들에 의한 또 그들을 위한 연간 축제계획을 수립해야 한다. 모든 행사에서 얻어지는 수입은 반드시 불우이웃돕기나 지역의 예술가를 위해 쓰여야 한다.
32. 티볼리공원은 대중들에게 인기가 있는 공원은 매우 깨끗하고 단정해야 함을 보여주었다.

10. 새로운 형태의 공원

33. 새로운 공원을 조성하기 위하여 눈여겨 볼 곳은 도시 내 정부소유의 토지, 병원 그리고 교도소 등이다. 유휴(遊休)지나 버려진 광물 채취장은 매우 가능성이 높은 곳이다.

사람들이 많이 붐비는 빌딩의 옥상에도 작은 오아시스와 정원을 조성할 수 있다.

34. 사용이 끝난 공동묘지를 구입하여 살아있는 사람들을 위하여 유용하게 쓸 수 있다.
35. 도시의 과수원, 농장, 삼림 등도 실험해볼 만한 새로운 도시공원 녹지 요소다.
36. '꿀단지(honey pot)'공원 등과 같은 흡입력이 있는 공원은 사람들의 혼잡을 흡수해 준다. 농촌지역과 도시공원의 계획은 반드시 공동으로 협력해야 한다.

11. 수변의 공원

37. 강과 수로는 도시에서 가장 낭비되고 있는 쾌적함의 요소다. 선형공원은 강의 제방을 따라 조성한다.
38. 컨테이너혁명은 우리들에게 한물간 부두지역을 아주 독특한 방법으로 이용할 기회를 제시한다.
39. 공원에서의 음식은 선택과 재미가 있는 종류로 제공하고 계절에 따라 다양해야 한다.

12. 공원예산과 관리

40. 새로운 공원은 주변의 건물개발로 얻은 수익을 개발비용으로 부과해야 한다. 자선단체나 광고회사도 새로운 공원조성자금을 기부하도록 격려해야 한다.
41. 대규모 통합공원관리부서는 실무와 관련된 우수한 인재를 모으고 조경기술자와 같은 전문가를 고용할 수 있다. 이러한 장점들은 인근 지역주민들의 참여와 결합함으로써 가능하며 그 주민위원회의 위원들은 지역에서 민주적으로 선출되어야 하며 위원회에서는 개개 공원의 관리를 맡는다.

감사의 말씀

저는 많은 분들 중에 특히 Tony Southart, David Lee, Sylvia Crowe, J. M. Richards, Terence Bendixson, James Kennedy, John Arlott, Peter Shepheard, John Darbourne, Peter Gatacre, Edward Hyams, Virginia Scaretti 그리고 Edgar Rose씨 등에게 특별히 고마움을 전합니다. 아울러 Mrs. Amy Hall과 Mrs. Wendy Glynn은 원고를 멋지게 정리하고 타이핑해 주셔서 감사드립니다. 그리고 Alastair Service씨의 격려와 인내에 또한 감사드리며 마지막으로, 많은 공원을 방문할 때마다 늘 나와 함께해준 가족들도 고맙습니다.

B.W.

참고문헌

Abercrombie and Forshaw	*Country of London Plan*	Macmillan	1943
Abercrombie, Patrick	*Greater London Plan*	H.M.S.O.	1944
Allen of Hurtwood, Lady	*Planning for Play*	Thames & Hudson	1968
Bardi, P. M.	*The Tropical Gardens of R. Burle Marx*	Colibris Editora Ltda.	1964
Barr, John	*Derelict Britain*	Pelican	1969
Browne, Kenneth	*Clapham Townscape Study*	London Borough of Lambeth	1969
Buchanan, Colin	*Bath*	H.M.S.O.	1969
Chadwick, George F.	*The Park and The Town*	Architectural Press	1966
Chapman, J. M. & B.	*The Life and Times of Baron Haussmann*	Weidenfeld and Nicholson	1957
Church, Richard	*The Royal Parks of London*	H.M.S.O.	1965
Civic Trust	*Derelict Land*	Civic Trust	1964
Civic Trust	*Moving Big Trees*	Civic Trust	1966
Civic Trust	*A Lea Valley Regional Park*	Civic Trust	1964
Colne Valley Working Party	*Studies for a Regional Park*		1967
Crowe, Sylvia	*Tomorrow's Landscape*	Architectural Press	1956
Crowe, Sylvia	*Garden Design*	Country Life	1958
Cullen, Gordon	*Townscape*	Architectural Press	1965
de Wolfe, I.	*The Italian Townscape*	Architectural Press	1963
Dower, Michael	*The Challenge of Leisure*	Civic Trust	1967
Eckbo, Garrett	*Landscape for Living*	Dodge, New York	1949
Esher, Lord	*York*	H.M.S.O.	1969
Fairbrother, Nan	*New Lives, New Landscapes*	Architectural Press	1970
Geddes, Patrick	*Citu Development*	Edinburgh	1904
Glass, R.,Bennett, H. and Law, S.	Surveys of the Use of Open Space	G.L.C.	1968
G.L.C.	*Greater London Development Plan*	G.L.C.	1969
Howard, Ebenezer	*Garden Cities of Tomorrow*	Faber	1951
Hughes, Quentin	*Seaport*	Lund Humphries	1964
Jacobs, Jane	*The Death and Life of Great American Cities*	Randon House	1961
Larwood, Jacob	*The Story of the London Parks*	Chatto & Windus	1881
Lindsay, J. and Hoving T	*New York City's Parks, Yesterday and Today*	New York	1965

L.C.C.	*Parks for Tomorrow*	L.C.C.	1964
L.C.C.	*London Plan*	L.C.C.	1960
Masson, Georgina	*'talian Gardens*	Thames and Hudson	1961
Mumford, Lewis	*The City in History*	Secker & Warburg	1961
Nairn, Ian, et al.	*Counter Attack*	Architectural Press	1957
Olmsted, F.L.	*Public Parks and the Enlargement of Towns*	Cambridge (Mass.)	1870
Ormos, Imre	*A kerttervězes törtěnete ěs gyakorlata*	Mezogazdasag: Kiado, Budapest	1967
Pinckney, D.	*Napoleon III and the Rebuilding of Paris*	Princeton University Press	1958
Rasmussen, S. E.	*London, the Unique City*	Penguin	1960
Regent's Canal Group	*Regent's Cana - a policy for its Future*		1967
Repton, Humphry	*Observations on the Theory and Practice of Landscape Gardening*	Taylor	1803
Rubinstein, David and Speakman, Colin	*Leisure, Transport and the Countryside*	Fabian Society	1969
Saunders, Ann	*Regent's Park*	David & Charles	1969
Sillitoe, K. K.	*Planning for Leisure*	Govt. Social Survey	1969
Silver, Nathan	*Lost New York*	Houghton Mifflin	1967
Stroud, Dorothy	*Capability Brown*	Country Life	1950
Stroud, Dorothy	*Humphry Repton*	Country Life	1962
U.S. Government	*Outdoor Recreation in America*	Washington	1962
Wagner, Martin	*Stadtische Freiflachenpolitik*	Berlin	1915
Whyte, William H.	*The Last Landscape*	Doubleday	1968

찾아보기

ㅁ

ㅂ

ㅇ

ㅈ

ㅊ

ㅋ

ㅎ

저자 소개

이 책을 쓴 저자 벤 휘태커(본명 Benjamin "Ben" Charles George Whitaker)는 영국 노동당 의원(MP)을 역임한 정치가로써 이 책의 주 저자다. 1934년생인 저자는 Eton과 Oxford에서 교육을 받았고 1966년에 영국 런던 햄스테드지역구 선거에서 전직 내무상을 물리치고 의회에 처음 진출하였다. 그는 후에 1970년까지 의회의 "국외 개발을 위한 위원회 간사"을 역임하였다. 그는 "A Radical Future(급진적 미래)"의 편집장이었으며, "Crime and Society(범죄와 사회)" 그리고 잘 알려진 펭귄문고의 "The Police(경찰)"의 저자이기도 하다.

한편 이 책의 공동 저자인 케네스 브라운(Kenneth Browne)은 이 책 대부분의 창의적 삽화와 디자인 과정을 도면으로 보여준 건축가, 예술가 그리고 도시경관 컨설턴트였다. 그는 Royal College of Art 그리고 Architectural Association School에서 교육을 받았다. 그는 Architectural Review에서 도시경관에 관한 논문으로 주목받기 시작했으며, 1970년에는 Rimini Biennale에서 같은 주제로 금상을 수상했다. 그의 저서로 "West End-renewal of a metropolitan centre(런던 웨스트 엔드-대도시의 도심재생)"이 있다.

역자 소개

김수봉(金秀峰)

1961년 대구生
대한민국 ROTC 22기
경북대와 동 대학원 조경학과 졸업
영국 셰필드대학 조경학과에서 Ph.D.
경북대 조경학과 조교, 셰필드 대학 조경학과에서 Post-Doc과정
경남발전연구원 책임연구원, 대구지역환경기술개발센터장
싱가포르국립대학(NUS) 건축학과 초빙교수
국무총리실 산하 경제인문사회연구회 제 3 기 기획평가위원
계명대학교 산학협력단 중소기업산학협력센터장 역임
현재 계명대학교 생태조경학과 교수로 재직 중이다.
저서로는 〈그린디자인의 이해(2012)〉와 〈셉테드(CPTED)개념을 적용한 안전한 어린이공원(2014)〉 등 20여권, 주요 논문으로 '옥상녹화 유형별 거주자 이용행태와 건강효과(2012)'와 '도시공원의 물리적 환경개선을 위한 CPTED이론 적용에 관한 연구(2014)' 외 110편이 있다.

우리의 공원

초판인쇄 2014년 7월 31일
초판발행 2014년 8월 18일

지은이 Ben Whitaker and Kenneth Browne
옮긴이 김수봉
펴낸이 안종만

편 집 김선민 · 이재홍
기획/마케팅 박세기
표지디자인 최은정
제 작 우인도 · 고철민

펴낸곳 (주) 박영사
서울특별시 종로구 새문안로3길 36, 1601
등록 1959. 3. 11. 제300-1959-1호(倫)
전 화 02)733-6771
f a x 02)736-4818
e-mail pys@pybook.co.kr
homepage www.pybook.co.kr
ISBN 979-11-303-0117-4 03520

정 가 15,000원